扫一扫,"码"上学做

甘智荣 / 主编

豆浆

U0388205

黑 龙 江 出 版 集 团
黑龙江科学技术出版社

图书在版编目（CIP）数据

扫一扫，"码"上学做豆浆/甘智荣主编.--哈尔
滨:黑龙江科学技术出版社,2015.11
ISBN 978-7-5388-8523-1

Ⅰ.①扫… Ⅱ.①甘… Ⅲ.①豆制食品－饮料－制作
Ⅳ.①TS214.2

中国版本图书馆CIP数据核字(2015)第224697号

扫一扫，"码"上学做豆浆
SAOYISAO，"MA"SHANG XUEZUO DOUJIANG

主　　编　甘智荣
责任编辑　回　博
摄影摄像　深圳市金版文化发展股份有限公司
策划编辑　深圳市金版文化发展股份有限公司
封面设计　金版文化·朱小良
出　　版　黑龙江科学技术出版社
　　　　　地址：哈尔滨市南岗区建设街41号　邮编：150001
　　　　　电话：(0451)53642106　　传真：(0451)53642143
　　　　　网址：www.lkcbs.cn　　　www.lkpub.cn
发　　行　全国新华书店
印　　刷　深圳市雅佳图印刷有限公司
开　　本　723 mm×1020 mm　1/16
印　　张　15
字　　数　220千字
版　　次　2016年4月第1版　2016年4月第1次印刷
书　　号　ISBN 978-7-5388-8523-1/TS·630
定　　价　29.80元

01
PART

豆浆，引领健康时尚新生活

02
PART

经典豆浆，教你轻松做出好味道

原味豆浆

谷物豆浆

目录
Contents

03 PART

创意豆浆，带你享受别样新口感

04
PART

养生豆浆，让你
远离医药赢健康

PART 01 豆浆，
引领健康时尚新生活

　　豆浆相传是2000多年前西汉淮南王刘安所发明，其营养丰富，老少皆宜，在欧美享有"植物奶"的美誉。豆浆作为一种日常饮品，不但四季皆可饮用，而且具有不同的养生功效，例如，春饮豆浆，护肝养脾，升发阳气；夏饮豆浆，生津解渴，消暑解热；秋饮豆浆，滋阴润燥，养颜轻身；冬饮豆浆，暖胃祛寒，滋肾补阳。可以说，豆浆当之无愧称得上是引领健康生活的一大佳饮。

制作豆浆，从了解豆浆机开始

磨刀不误砍柴工，要想做出一杯优质的豆浆，必须先挑选一台合适的豆浆机，但是面对市场上形形色色的豆浆机，该如何快速有效地选择一台性价比最高的豆浆机呢？所以，为了帮助大家轻松选购，接下来就详细介绍一下豆浆机的几大选购要则。

看人口数量

选购豆浆机时，需根据家庭人口数量的多少来选择不同容量的豆浆机，1~2人，建议选择800~1000ml；3~4人，建议选择1000~1300ml；4人以上，建议选择1200~1500ml。

看产品标志

查看产品标志上企业名称、地址、规格、型号、商标、电压等是否详尽，以及说明书是否有工作时间的限定条件等。

看电机质量

挑选时应检查电源插头、电线等，另外，还要看该机所获得的权威认证和权威质量保证称号，如3C认证、欧盟CE认证、质量免检、企业ISO9001国际质量体系认证等。

看机器的构造与设计

购机时宜选择便于清洁的不锈钢杯体。网罩则选择密而均匀的网孔——按人字形交叉排列。豆浆机加热管下半部呈小半圆形，则易于洗刷和装卸网罩。另外设计合理的刀片具有一定的螺旋倾斜角度，这样在旋转时可形成一个立体空间，不仅碎豆彻底，而且能产生巨大的离心力进行甩浆。

看密封性能

购买前最好先试机，将豆浆机放在玻璃板或光滑的平面上，空转1分钟，然后加水试1分钟，密封性良好的产品不会出现较大的移位且无异味或漏水现象。

看售后服务

完善的服务体系是产品品质的良好保证。因此须有售前、售中、售后服务，以及满足服务的网点密度。另外在购买豆浆机时，最好请销售员示范一次具体操作，避免购买后出现组件无法组装或不会操作等问题。

使用豆浆机的注意事项

①制作豆浆时，需要安装拉法尔网，将豆子或其他原料均匀地平放在杯体底部，然后加水至上下水位线之间。机器在制浆过程中，机身温度较高，通气孔有少量水蒸气冒出，这时不宜靠得太近，以免烫伤。豆浆制作完毕时，钢制的下盖温度较高，请勿直接用手触碰。

②在豆浆机制浆完成以后，不要进行二次加热、打浆，否则会造成粘杯、煳锅。多次制浆的时间间隔应在10分钟以上，待电机完全冷却后再进行下一次操作，否则将影响机器的使用寿命。

③拿出或放入机头部分前，需切断电源。

④机器工作时，与插座等应保持一定的距离，使插头处于可触及范围，并远离易燃易爆物品，同时电源插座接地线必须保持良好接地的状态。

⑤如果在机器工作过程中停电（尤其是打

浆后期至工作完成期间），请勿拔、插电源线插头并重新按键执行工作程序，否则会造成加热器煳管，打浆时豆浆溅出或机器长鸣报警故障。

⑥杯体内无水或水位过低时，机器处于自我保护或报警状态，电机和加热管都不工作，并非故障，水量放置以靠近上水位线为佳。

「豆浆机的使用方法」

1

将机头从全自动豆浆机中取出来。

2

将浸泡好的大豆等食材放入杯体内，加入适量清水至上、下水位线之间。

3

将机头按正确的位置放入豆浆机杯体中，插上电源线，豆浆机功能指示灯全亮。

4

按下"五谷键"开始制作豆浆。

5

当豆浆机发出报警声后即提示豆浆已做好。

6

拔下电源插头，打开豆浆机盖，使用过滤网对豆浆进行过滤。

「豆浆机的清洗保养」

①极少数地区的饮用水会造成豆浆凝结成类似豆腐脑的情况，若发生，主要原因是水中所含离子太多，可以用凉开水解决问题。

②拉法尔网、电热器、防溢电极和温度传感器需及时清洗干净。

③洗刷时，只能用流水、清洁刷冲刷机头下半部黏附在豆浆机上的豆浆，切勿将机头浸泡于水中或用水流直接冲洗机头上半部分，机头上部和电源插座部分严禁湿水。

④豆浆机清洗好后，要控干水分，可用清洁布轻轻擦拭豆浆机内部的水分，以防止水分和空气接触，使豆浆机生锈。

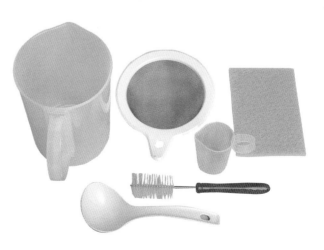

制作豆浆的基本食材概述

制作豆浆主要有黄豆、黑豆、红豆、绿豆、豌豆等基本食材，并且每一种食材都有其不同的营养价值与功效，所以，大家在制作豆浆时，可以根据个人需要来选择合适的食材。

↓ 黄豆

●**别名：** 大豆、黄大豆、枝豆
●**主要营养成分：** 含蛋白质、膳食纤维、脂肪、维生素A、维生素E、镁、钙、钾等
●**主要功效：**

①预防贫血，促进发育：黄豆含丰富的铁，易吸收，可预防缺铁性贫血，对婴幼儿及孕妇尤为重要，所含的锌具有促进生长发育、防止不育症的作用。

②预防心血管疾病：黄豆含有蛋白质和豆固醇，能明显改善和降低血脂和胆固醇，从而降低患心血管疾病的概率。

③预防脂肪肝：黄豆富含不饱和脂肪酸，有保持血管弹性、健脑和防止脂肪肝形成的作用。

④延年益寿：黄豆富含维生素E、胡萝卜素、磷脂，可防止老年斑、老年夜盲症生成，同时有助于增强老人记忆力。

⑤预防老年痴呆症：黄豆富含大豆卵磷脂，大豆卵磷脂中的甾醇，可增强神经功能和活力。

↓ 黑豆

●**别名：** 黑大豆、乌豆、橹豆、马粒豆、料豆、枝仔豆、冬豆子、零乌豆
●**主要营养成分：** 含碳水化合物、脂肪、蛋白质、膳食纤维、维生素A、维生素E、镁、钙、钾、磷、铁等

●**主要功效：**

①润肤减皱：黑豆含有丰富的维生素E，能清除体内的自由基，减少皮肤皱纹。

②预防便秘：黑豆含有丰富的膳食纤维，可促进胃肠蠕动。

③祛风除湿，解毒利尿：黑豆性味甘平，具有调中下气、活血、明目等功效。

④益智健脑，净化血液：黑豆含有蛋黄素和锌、铜、镁等矿物质，能延缓脑机体衰老。

⬇ 红豆

- **别名：** 赤豆、小豆、猪肝赤、杜赤豆、红饭豆、米赤豆
- **主要营养成分：** 含蛋白质、脂肪、碳水化合物、膳食纤维、胡萝卜素、维生素B_1、维生素B_2、维生素E、烟酸、钙、磷、钾等
- **主要功效：**

①补血活血，增强免疫力：红豆富含铁质，能使人气色红润，多摄取红豆，可以补血、促进血液循环、强化体力、增强免疫力、缓解经期不适等症状。

②预防便秘：红豆含有丰富的膳食纤维，具有良好的润肠通便的功效。

③解酒利尿：红豆中的皂角苷可刺激肠道，有良好的利尿作用，能解酒、解毒。

⬇ 绿豆

- **别名：** 青小豆、植豆
- **主要营养成分：** 含蛋白质、碳水化合物、膳食纤维、维生素A、维生素E、钾、胡萝卜素等
- **主要功效：**

①防治冠心病、心绞痛：绿豆中的多糖成分能增强血清脂蛋白酶的活性，使三酰甘油水解，达到降血脂的疗效。

②抗菌抑菌：绿豆所含的单宁能凝固微生物原生质，可产生抗菌活性，有局部止血和促进创面修复的作用，因而对各种烧伤也有一定的治疗作用。

③解毒作用：绿豆蛋白、鞣质和黄酮类化合物可与有机磷农药、汞、砷、铅化合物结合形成沉淀物，使之减少毒性，并不易被胃肠道吸收。

④清热解暑：绿豆含有丰富的无机盐、维生素，在高温环境中食用绿豆可以及时补充丢失的营养物质，以达到清热解暑的治疗效果。

⑤延缓衰老：绿豆是提取植物性SOD的良好原料，具有很好的抗衰老功能。

⇩ 青豆

● **主要营养成分**：膳食纤维、胡萝卜素、核黄素、维生素A、维生素C、维生素E、钙、钠、铁等

● **主要功效**：

①延缓衰老：青豆中富含多种抗氧化成分，能起到延年益寿的作用。

②防癌抗癌：青豆富含皂角苷、蛋白酶抑制剂、异黄酮、钼、硒等抗癌成分，对前列腺癌、皮肤癌、肠癌、食管癌等癌症具有抑制作用。

③降低血压、胆固醇：青豆的脂肪含量高于其他种类的蔬菜，但其中多以不饱和脂肪酸为主，可以改善脂肪代谢，降低人体中三酰甘油和胆固醇含量。

④益智健脑，增强记忆力：青豆中的卵磷脂可以改善大脑的记忆力和智力水平。

⑤润肠通便：青豆中含有丰富的膳食纤维，可以缓解便秘。

⑥增强食欲：青豆中的钾含量很高，夏天食用可以弥补因出汗过多而导致的钾过度流失等状况，因而能缓解由于钾的流失而引起的疲乏无力和食欲下降的症状。

⑦防治骨质疏松：青豆中的铁易被人体吸收，可以作为儿童补充铁的食物之一。青豆中含有微量黄酮类化合物等功能性成分，特别是大豆异黄酮，被称为天然植物雌激素，在人体内具有雌激素作用，可以改善妇女更年期的不适，防治骨质疏松。

⇩ 豌豆

● **别名**：雪豆、麦豌豆、寒豆、麦豆、毕豆

● **主要营养成分**：含蛋白质、脂肪、碳水化合物、叶酸、膳食纤维、胡萝卜素、维生素C、维生素B_1、维生素B_2、烟酸等

● **主要功效**：

①增强免疫力：豌豆含有丰富的维生素C，不仅能预防坏血病，还能防止人体中亚硝胺的合成，阻断外来致癌物的活化，化解外来致癌物的致癌毒性，提高身体免疫机能。

②防癌抗癌：豌豆中富含胡萝卜素，食用后可防止人体致癌物质的合成，从而减少癌细胞的形成，降低人体癌症的发病率。

③经常食用豌豆，可以有效缓解脚气、糖尿病、产后乳汁不足等症状。

关于豆浆，你知道多少

「制作豆浆是否需要提前泡豆子」

浸泡过后的豆子能更快打出豆浆，而室温20~25℃下浸泡12小时的豆子可以使出浆率提高10%且豆渣的产量有所下降，口感更佳。

「豆浆的存储」

豆浆是一种蛋白质饮品，本身很容易变质，所以最好新鲜饮用，特别是在家有条件用豆浆机打豆浆时，最好能够现打现喝，如果实在喝不完，需将豆浆装入干净的瓶子，密封待其冷却，再放入冰箱冷藏，但存放时间不宜太久。需要特别注意的是，豆浆不能用保温瓶储存，因为豆浆容易变质并繁殖细菌，而保温瓶更有利于细菌繁殖，同时豆浆中的皂角苷会溶解保温瓶内的水垢，会对饮用者的健康造成危害。

「豆浆和鸡蛋同食是否会影响鸡蛋蛋白质的吸收」

不会，大豆（包括黄豆和黑豆）中含有的胰蛋白酶抑制剂的确会抑制人体胰蛋白酶的活性，从而影响蛋白质的消化吸收，降低其营养价值。但制作豆浆的过程中，胰蛋白酶抑制剂会因加热煮沸而减少85%以上的含量，虽仍有少量剩余，但其活性较低，所以不会影响鸡蛋蛋白质的消化吸收。

另外，从营养和健康的角度来看，豆浆和鸡蛋一起吃是不错的搭配。虽然豆浆蛋白质属于优质蛋白，但蛋氨酸含量仍然较少，而鸡蛋中蛋氨酸含量高，如果一起食用，鸡蛋中丰富的蛋氨酸可以弥补大豆的不足，从而提高整体蛋白质的营养价值。

哪些人不适合饮用豆浆

「肾结石患者不宜饮用」

豆类中的草酸盐可与肾中的钙结合，易形成结石，从而加重肾结石的症状，所以肾结石患者不宜饮用豆浆。

「肠胃不好的人应少喝豆浆」

豆类中含有一定量的低聚糖，会引起嗝气、肠鸣、腹胀等症状，所以患有胃溃疡的人最好少喝。另外，胃炎、肾功能衰竭的病人需要低蛋白饮食，而豆类及其制品富含蛋白质，其代谢产物会增加肾脏负担，宜禁食。急性胃炎和慢性浅表性胃炎患者也不宜食用豆制品，以免刺激胃酸过多分泌而导致病情加重。

「痛风病人不宜喝豆浆」

痛风是由嘌呤代谢障碍所导致的疾病。黄豆富含嘌呤，且嘌呤是亲水物质，因此，黄豆磨成浆后，嘌呤含量比其他豆制品多出几倍。所以，痛风病人不宜喝豆浆。

饮用豆浆的禁忌

「忌喝未煮熟的豆浆」

很多人喜欢买生豆浆回家自己加热，而生豆浆加热到80℃～90℃的时候，会出现大量的白色泡沫，多数人误以为此时豆浆已经煮熟，但实际上这只是一种假沸现象，此时的温度并不能破坏豆浆中的皂苷物质。所以煮豆浆的正确方法应该是，在出现假沸现象后继续加热3～5分钟，直至泡沫完全消失。

未煮熟的豆浆对人体是有害的，豆浆中含有的胰蛋白酶抑制物会导致蛋白质代谢障碍，并对胃肠道产生刺激，引起中毒症状。如果饮用豆浆后出现头痛、呼吸受阻等症状，应立即就医，决不能延误时机，以防危及生命。

「忌空腹喝豆浆」

豆浆里的蛋白质大多会在人体内转化为热量而被消耗掉，不能充分留住营养成分。喝豆浆的同时吃些面包、糕点、馒头等淀粉类食品，可使豆浆中的蛋白质等成分在淀粉的作用下，与胃液较充分地发生酶解，从而使营养物质被充分吸收。

「忌过量饮用」

过量饮用容易引起蛋白质消化不良，出现腹胀、腹泻等不适症状。

「忌在豆浆里打鸡蛋」

因为鸡蛋中的黏液性蛋白易和豆浆中的胰蛋白酶结合，产生一种不能被人体吸收的物质，从而失去它的营养价值。

「忌冲红糖」

因为红糖里的有机酸与豆浆中的蛋白质结合后，会产生变性沉淀物，从而极大地破坏了营养成分，但白糖却无此现象。

「忌与药物同饮」

豆浆一定不能与红霉素等抗生素一起服用，因为两者会发生化学反应，喝豆浆与服用抗生素的时间间隔最好在1个小时以上。

PART 02 经典豆浆，教你轻松做出好味道

　　清晨的阳光透过窗户，洒满一地的温暖，沉睡了一整夜的身体在阳光的触碰下渐渐醒来，这时候，如果能有一杯香醇浓郁的豆浆来唤醒沉睡的味蕾，那该是一种多么美妙的享受啊！

原味豆浆

我喜欢看那一颗颗豆子在清水的浸泡下逐渐饱满，黄的黄，黑的黑，红的红，绿的绿，颗颗都俏皮可爱；我喜欢用一种豆子打出的原味豆浆，颜色纯正，香味浓郁；我喜欢在它还冒着热气的时候，轻轻嘬上一口，让那细腻爽滑的滋味唤醒我一天的活力。

扫一扫看视频

黄豆豆浆

⏱ 16分钟　　🖐 增强免疫力

原料： 水发黄豆75克
调料： 白糖适量

做法

1. 将已浸泡8小时的黄豆洗净，滤出。
2. 将洗好的黄豆倒入豆浆机，加水至水位线。
3. 盖上豆浆机机头，开始打浆，待豆浆机运转约15分钟，即成豆浆。
4. 将豆浆机断电，取下机头，将煮好的豆浆倒入滤网，滤去豆渣，加入白糖，拌匀至其溶化，待放凉后即可饮用。

黑豆豆浆

⏱ 16分钟　☕ 增强免疫力

扫一扫看视频

原料： 水发黑豆100克
调料： 白糖适量

做法

 1　将已浸泡7小时的黑豆倒入碗中，洗净。

 2　把洗净的黑豆倒入豆浆机中，加水至水位线，开始打浆。

 3　待豆浆机运转约15分钟，滤去豆渣。

 4　将豆浆倒入碗中，加白糖，拌匀至其溶化，待放凉后即可饮用。

红豆豆浆

🕐 16分钟　　🫘 瘦身排毒

原料： 水发红豆100克

调料： 白糖适量

扫一扫看视频

做法

1 把已浸泡8小时的红豆倒入碗中，加水洗净，沥干水分。

3 待豆浆机运转约15分钟，即成豆浆。

2 把红豆倒入豆浆机中，加水至水位线，开始打浆。

4 将豆浆机断电，取下机头，把榨好的豆浆倒入滤网，滤渣。

5 将豆浆倒入碗中，加白糖拌至溶化，待稍微放凉后即可饮用。

烹饪小提示

红豆在常温下浸泡1小时，再放入冰箱内完全泡发，这样豆浆的口感会更细腻。

绿豆豆浆

🕐 16分钟　　☁ 增强免疫力

扫一扫看视频

原料： 水发绿豆100克
调料： 白糖适量

做法

1 将已浸泡3小时的绿豆倒入大碗中，加水洗净，倒入豆浆机，加水至水位线。

2 盖上豆浆机机头，启动豆浆机，待运转约15分钟，即成豆浆。

3 将豆浆机断电，取下机头，滤去豆渣。

4 将豆浆倒入碗中，加入白糖，拌匀至其溶化，待稍微放凉后即可饮用。

扫一扫看视频

16分钟

降低血压

青豆豆浆

原料： 青豆100克
调料： 白糖适量

烹饪小提示

豆浆中不宜加太多白糖，否则会影响人体对钙质的吸收。

做法

1 将去壳的青豆装入大碗中，倒水洗净，沥干水分。

2 把青豆放入豆浆机中，加水至水位线。

3 盖上豆浆机机头，选择"五谷"程序，再选择"开始"键，启动豆浆机。

4 待豆浆机运转约15分钟，即成豆浆。

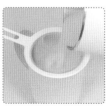
5 断电，取下机头，把打好的豆浆倒入滤网，滤去豆渣。

6 将豆浆倒入小碗中，加入白糖，搅拌至其溶化，待稍微放凉后即可饮用。

豌豆豆浆

⏱ 16分钟　　益智健脑

扫一扫看视频

原料： 水发豌豆100克
调料： 白糖适量

做法

1 将已浸泡8小时的豌豆装入大碗中，倒水洗净，沥干水分。

2 将豌豆放入豆浆机中，加水至水位线，盖上豆浆机机头，开始打浆。

3 待豆浆机运转约15分钟，将豆浆机断电，取下机头，滤去豆渣。

4 将豆浆倒入小碗中，加入白糖，拌匀至其溶化，待放凉后即可饮用。

谷物豆浆

谷物与豆子在豆浆机的作用下，交织出纯天然的浓稠。它不是粥，却有更胜于粥的香浓，每饮一口，都会让人回味无穷；它不是水，却有比水更好的滋润效果，喝下一杯，由内到外都可以感受到丰盈的顺滑。

扫一扫看视频

黑豆花生豆浆

⏱ 21分钟　🍵 美容养颜

原料： 花生仁25克，枸杞10克，水发黑豆60克

做法

1. 把已浸泡8小时的黑豆放入豆浆机中，倒入花生仁、枸杞，注水至水位线。
2. 盖上豆浆机机头，开始打浆，待豆浆机运转约20分钟，即成豆浆。
3. 将豆浆机断电，取下机头，用滤网把煮好的豆浆过滤一遍。
4. 将滤好的豆浆倒入碗中，用汤匙撇去浮沫即可。

扫一扫看视频

扫一扫看视频

黑豆青豆薏米豆浆

🕐 16分钟　🍞 保肝护肾

原料： 水发黑豆50克，薏米、青豆各少许

做法

1. 将已浸泡4小时的薏米放入碗中，再放入青豆，加入已浸泡8小时的黑豆，洗净。

2. 将洗好的食材沥干水分，然后倒入豆浆机中，注水至水位线。

3. 盖上豆浆机机头，开始打浆，待豆浆机运转约15分钟，即成豆浆。

4. 将豆浆机断电，取下机头，滤取豆浆，倒入杯中即可。

红豆黑米豆浆

🕐 21分钟　🍞 增强免疫力

原料： 红豆30克，黑米35克，水发黄豆45克

做法

1. 将黑米、红豆倒入碗中，放入已浸泡8小时的黄豆，加水洗净。

2. 将洗好的材料沥水，倒入豆浆机中，注水至水位线。

3. 盖上豆浆机机头，开始打浆，待豆浆机运转约20分钟，即成豆浆。

4. 将豆浆机断电，取下机头，滤取豆浆，倒入碗中即可。

扫一扫看视频

🕐 21分钟

💪 开胃消食

黄豆黑米豆浆

原料： 水发黄豆50克，黑米10克，葡萄干、枸杞、黑芝麻各少许

烹饪小提示

在选购黑米时，应选择有光泽、米粒大小均匀、清香无异味、不含杂质的黑米。

做法

1 将黑米倒入碗中，放入已浸泡8小时的黄豆，注水洗净。

2 把洗好的食材倒入滤网，沥干水分。

3 将备好的黄豆、黑米、枸杞、葡萄干、黑芝麻倒入豆浆机中，注水至水位线。

4 盖上豆浆机机头，选择"五谷"程序，再选择"开始"键，开始打浆。

5 待豆浆机运转约20分钟，断电，取下机头。

6 把煮好的豆浆倒入滤网中，滤取豆浆，倒入碗中即可。

黄豆红枣糯米豆浆

⏱ 17分钟　　益气补血

扫一扫看视频

原料： 水发黄豆50克，糯米20克，红枣20克

做法

1 将已浸泡8小时的黄豆倒入碗中，放入糯米，加水洗净。

2 把洗好的黄豆、糯米滤去水分，倒入豆浆机中，再加入洗净的红枣，注水打浆。

3 待豆浆机运转约15分钟，断电后取下机头，滤取豆浆。

4 将滤好的豆浆倒入碗中，用汤匙捞去浮沫，待稍微放凉后即可饮用。

扫一扫看视频

21分钟

美容养颜

红豆小米豆浆

原料： 水发红豆120克，水发小米100克

烹饪小提示

淘米时不要用手反复揉搓，也不要长时间浸泡或用热水淘米，以免导致营养成分流失。

做法

1 将已浸泡5小时的红豆、浸泡3小时的小米放入碗中，注水洗净。

2 把洗好的红豆、小米沥水，倒入豆浆机中，注水至水位线。

3 盖上豆浆机机头，选择"五谷"程序，再选择"开始"键，开始打浆。

4 待豆浆机运转约20分钟，即成豆浆。

5 断电后取下豆浆机机头，把豆浆倒入滤网中，滤取豆浆。

6 将过滤后的豆浆倒入杯中，待稍凉后即可饮用。

红绿二豆浆

🕐 16分钟　　🍲 开胃消食

原料： 水发红豆40克，水发绿豆40克

扫一扫看视频

做法

1 将已浸泡6小时的绿豆、红豆倒入碗中，注水洗净。

2 把洗好的食材沥水，倒入豆浆机中，注水至水位线。

3 盖上豆浆机机头，开始打浆，待豆浆机运转约15分钟，即成豆浆。

4 将豆浆机断电，取下机头，滤取豆浆，倒入杯中即可。

绿豆薏米豆浆

⏱ 16分钟　🥘 健脾止泻

原料： 水发绿豆60克，薏米少许

做法

1 将泡了4小时的绿豆、薏米倒入碗中，注水洗净。

2 把洗好的绿豆、薏米沥水，倒入豆浆机中，注水至水位线。

3 盖上豆浆机机头，选择"五谷"程序，再选择"开始"键，开始打浆。

4 待豆浆机运转约15分钟，即成豆浆。

烹饪小提示

薏米可以用温水泡发，这样更易打成浆。

5 将豆浆机断电，取下机头，滤取豆浆，倒入杯中即可。

绿豆燕麦豆浆

 ⏱ 21分钟　🍵 开胃消食

扫一扫看视频

原料： 水发绿豆55克，水发燕麦45克
调料： 冰糖适量

做法

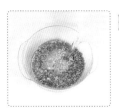
1 将已浸泡6小时的绿豆倒入碗中，放入泡发好的燕麦，加水洗净，沥水。

2 把洗好的绿豆和燕麦倒入豆浆机中，加冰糖，注水至水位线。

3 盖上豆浆机机头，开始打浆，待豆浆机运转约20分钟，即成豆浆。

4 将豆浆机断电，取下机头，滤取豆浆，倒入杯中即可。

豌豆小米豆浆

🕐 17分钟　☁ 益气补血

原料： 小米40克，豌豆50克

做法

1 将豌豆倒入碗中，再放入小米，加水洗净。

2 将洗好的材料沥水，倒入豆浆机中，注水至水位线。

3 盖上豆浆机机头，开始打浆，待豆浆机运转约15分钟，即成豆浆。

4 将豆浆机断电，取下机头，滤取豆浆，倒入碗中，用汤匙撇去浮沫即可。

豌豆糯米小米豆浆

⏱ 21分钟　🍵 开胃消食

原料： 糯米10克，小米10克，豌豆50克

做法

1. 将糯米、豌豆、小米倒入碗中，注水洗净，沥水。
2. 将洗净的食材倒入豆浆机，注水至水位线。
3. 盖上豆浆机机头，开始打浆，待豆浆机运转约20分钟，即成豆浆。
4. 将豆浆机断电，取下机头，滤取豆浆，倒入碗中即可。

扫一扫看视频

五谷豆浆

⏱ 16分钟　🍵 安神助眠

原料： 水发黄豆40克，水发小麦20克，水发小米10克，水发大米30克

做法

1. 将已浸泡4小时的小麦、小米、大米倒入碗中，放入已浸泡8小时的黄豆，注水洗净。
2. 将洗好的食材沥干水分，倒入豆浆机中，注水至水位线。
3. 盖上豆浆机机头，开始打浆，待豆浆机运转约15分钟，即成豆浆。
4. 将豆浆机断电，取下机头，滤取豆浆，倒入杯中即可。

扫一扫看视频

扫一扫看视频

16分钟

降低血脂

鹰嘴豆豆浆

原料： 杏仁20克，鹰嘴豆30克，水发黄豆45克

烹饪小提示

鹰嘴豆比较硬，可先浸泡一会儿再打浆。另外，低血糖患者不宜过多食用鹰嘴豆。

做法

1 把洗好的鹰嘴豆、杏仁倒入豆浆机中，倒入泡发好的黄豆。

2 注水至水位线即可。

3 盖上豆浆机机头，选择"五谷"程序，再选择"开始"键，开始打浆。

4 待豆浆机运转约15分钟，即成豆浆。

5 将豆浆机断电，取下机头，把煮好的豆浆倒入滤网，滤取豆浆。

6 倒入碗中，用汤匙撇去浮沫即可。

花生鹰嘴豆豆浆

⏱ 21分钟　🧠 增强记忆力

扫一扫看视频

原料： 花生米30克，鹰嘴豆30克

做法

1 把洗好的花生米、鹰嘴豆倒入豆浆机中，注水至水位线。

2 盖上豆浆机机头，开始打浆，待豆浆机运转约20分钟，即成豆浆。

3 将豆浆机断电，取下机头，把煮好的豆浆倒入滤网，滤取豆浆。

4 倒入碗中，用汤匙撇去浮沫即可。

扫一扫看视频

白扁豆豆浆

⏱ 16分钟　☁ 清热解毒

原料： 白扁豆25克，水发黄豆50克

做法

1 将已浸泡8小时的黄豆倒入碗中，注水洗净。

2 把洗好的黄豆沥水，将洗好的白扁豆、黄豆倒入豆浆机中，注水至水位线。

3 盖上豆浆机机头，选择"五谷"程序，再选择"开始"键，开始打浆。

4 待豆浆机运转约15分钟，将豆浆机断电，取下机头。

烹饪小提示

食用过多白扁豆容易导致气滞，所以不能一次食用过多，但可以常吃。

5 滤取豆浆，倒入杯中即可。

青豆大米豆浆

 21分钟　　益气补血

扫一扫看视频

原料: 青豆45克，水发大米40克，水发黄豆50克

做法

1 将已浸泡8小时的黄豆倒入碗中，放入大米，加水洗净。

2 将洗好的材料沥水，倒入豆浆机中，放入洗好的青豆，注水至水位线。

3 盖上豆浆机机头，开始打浆，待豆浆机运转约20分钟，即成豆浆。

4 将豆浆机断电，取下机头，滤取豆浆，倒入碗中即可。

米香豆浆

 21分钟　增强免疫力

原料： 水发大米20克，水发黄豆50克

做法

1 在碗中放入已浸泡4小时的大米，倒入已浸泡8小时的黄豆，注水洗净。

2 把洗好的食材沥水，倒入豆浆机，注水至水位线。

3 盖上豆浆机机头，开始打浆，待豆浆机运转约20分钟，即成豆浆。

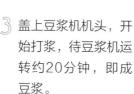

4 将豆浆机断电，取下机头，滤取豆浆，倒入碗中即可。

扫一扫看视频

米香紫薯豆浆

⏱ 17分钟　🍽 开胃消食

原料： 紫薯35克，水发大米25克，水发黄豆45克

做法

1. 洗净的紫薯切块，将浸泡8小时的黄豆倒入碗中，放入浸泡4小时的大米，加水洗净。
2. 将洗好的黄豆、大米沥水，倒入豆浆机中，放入紫薯，注水至水位线。
3. 盖上豆浆机机头，开始打浆，待豆浆机运转约15分钟，即成豆浆。
4. 将豆浆机断电，取下机头，滤取豆浆，倒入碗中即可。

扫一扫看视频

大米莲藕豆浆

⏱ 17分钟　🍽 开胃消食

原料： 水发黄豆80克，水发绿豆50克，莲藕块85克，水发大米40克

调料： 白糖10克

做法

1. 将已浸泡8小时的黄豆、浸泡6小时的绿豆和泡发4小时的大米倒入碗中，加水洗净。
2. 将洗好的材料沥水，倒入豆浆机中，再倒入莲藕，注水至水位线。
3. 盖上豆浆机机头，开始打浆，待豆浆机运转约15分钟，即成豆浆。
4. 将豆浆机断电，取下机头，滤取豆浆，倒入碗中，加白糖，拌匀即可。

扫一扫看视频

小米黄豆豆浆

🕐 21分钟　　🫘 增强免疫力

原料: 水发小米30克,水发黄豆50克

做法

1 将已浸泡8小时的黄豆、已浸泡4小时的小米倒入碗中,注水洗净。

2 把洗好的食材沥水,倒入豆浆机中,注水至水位线。

3 盖上豆浆机机头,开始打浆,待豆浆机运转约20分钟,即成豆浆。

4 将豆浆机断电,取下机头,滤取豆浆,倒入杯中即可。

小米红豆豆浆

 21分钟　 开胃消食

扫一扫看视频

原料： 水发红豆40克，小米20克

做法

 1 将已浸泡4小时的红豆、小米倒入碗中，注水洗净。

 2 把洗好的食材沥水，倒入豆浆机中，注水至水位线。

 3 盖上豆浆机机头，开始打浆，待豆浆机运转约20分钟，即成豆浆。

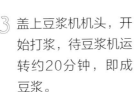 4 将豆浆机断电，取下机头，滤取豆浆，倒入杯中即可。

扫一扫看视频

小米红枣豆浆

⏱ 21分钟　　☁ 清热解毒

原料： 小米20克，水发黄豆40克，红枣5克

做法

1　洗好的红枣去核切块，将小米、已浸泡8小时的黄豆倒入碗中，注水洗净。

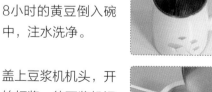

2　将备好的小米、黄豆、红枣倒入豆浆机中，注水至水位线。

3　盖上豆浆机机头，开始打浆，待豆浆机运转约20分钟，即成豆浆。

4　将豆浆机断电，取下机头，滤取豆浆，倒入杯中即可。

扫一扫看视频

双黑米豆浆

🕐 21分钟　🍎 保肝护肾

原料： 水发黑米40克，水发黄豆50克，水发黑木耳25克

做法

1. 碗中倒入泡好的黄豆和黑米，注水洗净。
2. 将洗好的材料沥水，放入豆浆机中，放入泡发好的黑木耳，注水。
3. 盖上豆浆机机头，开始打浆，待豆浆机运转约20分钟，即成豆浆。
4. 将豆浆机断电，取下机头，滤取豆浆，倒入碗中即可。

扫一扫看视频

黑米蜜豆浆

🕐 21分钟　🍎 开胃消食

原料： 水发黄豆30克，水发黑豆30克，黑米20克

调料： 蜂蜜适量

做法

1. 将已浸泡8小时的黑豆、黄豆倒入碗中，再放入黑米，注水洗净。
2. 把洗好的食材沥水，倒入豆浆机中，注水至水位线。
3. 盖上豆浆机机头，开始打浆，待豆浆机运转约20分钟，即成豆浆。
4. 将豆浆机断电，取下机头，滤取豆浆，倒入碗中，加蜂蜜拌匀即可。

扫一扫看视频

21分钟

增强免疫力

黑米豌豆豆浆

原料: 水发黄豆40克,豌豆10克,黑米10克

烹饪小提示

豌豆剥好后最好立即使用,以免影响口感。另外,糖尿病患者、消化不良者要慎食豌豆。

做法

1 将已浸泡8小时的黄豆倒入碗中,放入豌豆、黑米,注水洗净。

2 把洗好的食材倒入滤网,沥干水分。

3 将洗净的食材倒入豆浆机中,注水至水位线。

4 盖上豆浆机机头,选择"五谷"程序,再选择"开始"键,开始打浆。

5 待豆浆机运转约20分钟,即成豆浆。

6 将豆浆机断电,取下机头,滤取豆浆,倒入杯中即可。

黑米红枣豆浆

 21分钟　　 安神助眠

扫一扫看视频

原料： 水发黑米40克，水发黄豆50克，红枣20克

做法

1 将已浸泡4小时的黑米倒入碗中，放入已浸泡8小时的黄豆，洗净沥水。

2 洗净的红枣去核切块，把红枣、黄豆、黑米倒入豆浆机中，注水至水位线。

3 盖上豆浆机机头，开始打浆，待豆浆机运转约20分钟，即成豆浆。

4 将豆浆机断电，取下机头，滤取豆浆，倒入碗中即可。

黑米小米豆浆

🕐 18分钟　　🥣 益气补血

原料： 水发黑米20克，水发小米20克，水发黄豆45克

做法

 1 将已浸泡8小时的黄豆倒入碗中，放入已浸泡4小时的小米、黑米，加水洗净。

 2 将洗好的材料倒入滤网，沥干水分。

 3 把洗好的黄豆、黑米、小米倒入豆浆机中，注水至水位线。

 4 盖上豆浆机机头，开始打浆，待豆浆机运转约15分钟，即成豆浆。

烹饪小提示

在豆浆中加入适量蜂蜜，可使豆浆风味更佳。

 5 将豆浆机断电，取下机头，滤取豆浆，倒入碗中即可。

黑米南瓜豆浆

⏱ 21分钟　🫘 保肝护肾

扫一扫看视频

原料： 水发黑豆80克，水发黑米80克，南瓜块80克
调料： 白糖适量

做法

1　将已浸泡8小时的黑豆、浸泡4小时的黑米倒入碗中，注水，洗净后沥水。

2　取豆浆机，倒入备好的黑豆、黑米、南瓜块，加水至水位线。

3　盖好豆浆机机头，开始打浆，待豆浆机运转约20分钟，即成豆浆。

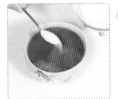

4　把打好的豆浆倒入滤网，滤取豆浆，倒入碗中，加白糖即可。

扫一扫看视频

西米豆浆

⏱ *16分钟*　🫁 *增强免疫力*

原料： 水发黄豆40克，西米10克

做法

1 将已浸泡8小时的黄豆倒入碗中，注水洗净，沥水。

2 将备好的黄豆、西米倒入豆浆机中，注水至水位线。

3 盖上豆浆机机头，开始打浆，待豆浆机运转约15分钟，即成豆浆。

4 将豆浆机断电，取下机头，滤取豆浆，倒入碗中即可。

薏米黑豆豆浆

🕐 21分钟　🍵 美容养颜

原料： 水发薏米、水发黑豆各50克
调料： 白糖8克

做法

1　把泡好的黑豆放入豆浆机中，倒入泡好的薏米，放入白糖，注水至水位线。

2　盖上豆浆机机头，开始打浆，待豆浆机运转约20分钟，即成豆浆。

3　将豆浆机断电，取下机头，把煮好的豆浆倒入滤网，滤取豆浆。

4　将滤好的豆浆倒入碗中，用汤匙撇去浮沫即可。

薏米红绿豆浆

🕐 16分钟　🍵 开胃消食

原料： 水发绿豆40克，水发红豆40克，薏米10克

做法

1　将已浸泡6小时的红豆倒入碗中，放入薏米，加入已浸泡6小时的绿豆，注水洗净。

2　把洗好的食材沥水，倒入豆浆机中，注水至水位线。

3　盖上豆浆机机头，开始打浆，待豆浆机运转约15分钟，即成豆浆。

4　将豆浆机断电，取下机头，把煮好的豆浆倒入容器中，再倒入碗中即可。

扫一扫看视频

🕐 16分钟

💪 清热解毒

薏米红豆豆浆

原料： 水发薏米50克，红豆55克
调料： 白糖适量

烹饪小提示

薏米硬度较大，可以多泡一段时间。另外，便秘、尿多者及孕早期的妇女应当忌食薏米。

做法

1 将已浸泡4小时的薏米倒入碗中，放入已浸泡6小时的红豆，加水洗净。

2 将洗好的食材沥水，倒入豆浆机中，加白糖，注水至水位线。

3 盖上豆浆机机头，选择"五谷"程序，再选择"开始"键，开始打浆。

4 待豆浆机运转约15分钟，即成豆浆。

5 将豆浆机断电，取下机头，把煮好的豆浆倒入滤网，滤取豆浆。

6 倒入杯中，用汤匙捞去浮沫，待稍微放凉后即可饮用。

糯米豆浆

🕐 21分钟　　☁ 益气补血

原料：水发黄豆50克，糯米30克

扫一扫看视频

做法

1　将已浸泡8小时的黄豆、糯米倒入碗中，注水洗净。

2　把洗好的食材沥水，倒入豆浆机中，注水至水位线。

3　盖上豆浆机机头，开始打浆，待豆浆机运转约20分钟，即成豆浆。

4　将豆浆机断电，取下机头，滤取豆浆，倒入杯中即可。

扫一扫看视频

⏱ 16分钟

🫘 保肝护肾

糯米黑豆豆浆

原料： 水发黑豆60克，水发糯米25克

烹饪小提示

可用温水浸泡黑豆，这样能缩短浸泡时间。

做法

1 将已浸泡8小时的黑豆倒入碗中，放入泡好的糯米，加水洗净。

2 将洗好的材料倒入滤网，沥干水分。

3 把备好的黑豆、糯米倒入豆浆机中，加水至水位线。

4 盖上豆浆机机头，开始打浆，待豆浆机运转约15分钟，即成豆浆。

5 将豆浆机断电，取下机头，把煮好的豆浆倒入滤网，滤取豆浆。

6 将滤好的豆浆倒入碗中，用汤匙撇去浮沫即可。

糯米百合藕豆浆

21分钟　增强免疫力

扫一扫看视频

原料： 莲藕40克，水发黄豆50克，糯米10克，鲜百合4克

做法

1　洗净去皮的莲藕切丁，将糯米倒入碗中，放入已泡8小时的黄豆，注水洗净。

2　将备好的莲藕、鲜百合、黄豆、糯米倒入豆浆机中，注水至水位线。

3　盖上豆浆机机头，开始打浆，待豆浆机运转约20分钟，即成豆浆。

4　将豆浆机断电，取下机头，滤取豆浆，倒入杯中即可。

黄米豆浆

🕐 22分钟　🧠 增强免疫力

原料: 水发黄豆60克, 板栗肉30克, 水发黄米30克
调料: 白糖适量

扫一扫看视频

做法

1 洗好的板栗切块, 在碗中倒入已浸泡4小时的黄豆, 放入浸泡8小时的黄米, 洗净。

2 把洗好的食材沥水, 放入豆浆机中, 再放入板栗块, 注水至水位线。

3 盖上豆浆机机头, 开始打浆, 待豆浆机运转约20分钟, 即成豆浆。

4 将豆浆机断电, 取下机头, 滤取豆浆, 倒入杯中, 加白糖即可。

扫一扫看视频

黄米糯米豆浆

🕐 21分钟　☁️ 养心润肺

原料： 糯米20克，黄米10克，水发黄豆40克

做法

1. 将已浸泡8小时的黄豆倒入碗中，放入黄米、糯米，注水洗净。
2. 把洗好的食材沥水，倒入豆浆机中，注水至水位线。
3. 盖上豆浆机机头，开始打浆，待豆浆机运转约20分钟，即成豆浆。
4. 将豆浆机断电，取下机头，滤取豆浆，倒入碗中即可。

扫一扫看视频

玉米小米豆浆

🕐 21分钟　☁️ 增强免疫力

原料： 玉米碎8克，小米10克，水发黄豆40克

做法

1. 将小米、玉米碎倒入碗中，放入已浸泡8小时的黄豆，注水洗净。
2. 把洗好的食材沥水，倒入豆浆机中，注水至水位线。
3. 盖上豆浆机机头，开始打浆，待豆浆机运转约20分钟，即成豆浆。
4. 将豆浆机断电，取下机头，滤取豆浆，倒入杯中即可。

  扫一扫看视频

 21分钟

 开胃消食

高粱豆浆

原料： 水发黄豆55克，水发高粱米40克
调料： 白糖少许

烹饪小提示

应挑选乳白色、有光泽、颗粒饱满、无杂质、无任何其他不良气味的高粱米。

做法

 1 将已浸泡8小时的黄豆倒入碗中，放入泡发好的高粱米，加水洗净。

 2 将洗好的材料倒入滤网，沥干水分。

 3 把洗好的黄豆、高粱米倒入豆浆机中，注水至水位线。

 4 盖上豆浆机机头，开始打浆，待豆浆机运转约20分钟，即成豆浆。

 5 将豆浆机断电，取下机头，把煮好的豆浆倒入滤网，滤取豆浆。

 6 倒入碗中，加入少许白糖，拌匀，用汤匙撇去浮沫即可。

高粱小米豆浆

⏱ 21分钟　　☁ 清热解毒

扫一扫看视频

原料： 水发黄豆50克，水发高粱米40克，小米35克

做法

1 将小米倒入碗中，倒入已浸泡8小时的黄豆，放入泡好的高粱米，加水洗净。

2 将洗好的材料沥水，倒入豆浆机中，注水至水位线。

3 盖上豆浆机机头，开始打浆，待豆浆机运转约20分钟，即成豆浆。

4 将豆浆机断电，取下机头，滤取豆浆，倒入杯中即可。

高粱红枣豆浆

🕐 21分钟　　🫘 增强免疫力

原料： 水发高粱米50克，水发黄豆55克，红枣12克

做法

 1 洗净的红枣切开，去核，把果肉切成小块，备用。

 2 将已浸泡8小时的黄豆倒入碗中，放入泡发好的高粱米，加水洗净。

 3 将洗好的材料沥水，倒入豆浆机中，放入红枣,注水至水位线。

 4 盖上豆浆机机头，开始打浆，待豆浆机运转约20分钟，即成豆浆。

 5 将豆浆机断电，取下机头，滤取豆浆，倒入碗中即可。

烹饪小提示

过滤豆浆时不要倒得太快，以免溅出，如有需要，可分成多次过滤。

糙米薏仁红豆豆浆

 16分钟　　安神助眠

扫一扫看视频

原料： 糙米、薏米各15克，水发红豆50克

做法

1 将已浸泡4小时的糙米、薏米倒入碗中，再倒入浸泡8小时的红豆，加水洗净。

2 将洗好的食材沥水，倒入豆浆机中，注水至水位线。

3 盖上豆浆机机头，开始打浆，待豆浆机运转约15分钟，即成豆浆。

4 将豆浆机断电，取下机头，滤取豆浆，倒入碗中即可。

053

薯麦豆浆

我爱吃紫薯，因为紫色是充满梦幻的色彩，神秘而又高贵，代表着永恒与纯洁的爱。我也爱吃红薯，火红的色调，可以在一瞬间点燃所有对生活的热情。我自然也爱那黄色的小麦、大麦、燕麦和荞麦，它们是土地的颜色，在朴实中诉说着一代又一代的故事。

扫一扫看视频

紫薯豆浆

⏱ 18分钟　🍵 增强免疫力

原料： 紫薯30克，水发黄豆40克，芡实10克，燕麦15克，水发小米20克，牛奶150毫升

做法

1. 洗净的紫薯切块；将已浸泡4小时的小米、芡实、燕麦、已浸泡8小时的黄豆洗净。
2. 将洗好的材料沥水，倒入豆浆机中，放入紫薯块、牛奶，注水至水位线。
3. 盖上机头，开始打浆，待豆浆机运转约15分钟，即成豆浆。
4. 将豆浆机断电，取下机头，滤取豆浆，倒入碗中即可。

扫一扫看视频

紫薯米豆浆

🕐 21分钟　　🥣 益气补血

原料： 水发大米35克，紫薯40克，水发黄豆45克

做法

1. 洗净去皮的紫薯切滚刀块，备用。
2. 把泡发好的大米倒入豆浆机中，放入紫薯、泡发的黄豆，注水至水位线。
3. 盖上豆浆机机头，开始打浆，待豆浆机运转约20分钟，即成豆浆。
4. 将豆浆机断电，取下机头，滤取豆浆，倒入碗中即可。

扫一扫看视频

紫薯南瓜豆浆

🕐 16分钟　　🥣 增强免疫力

原料： 南瓜20克，紫薯30克，水发黄豆50克

做法

1. 洗净去皮的南瓜切丁；洗好的紫薯切丁，将已泡8小时的黄豆倒入碗中，洗净沥水。
2. 将备好的的黄豆、紫薯、南瓜倒入豆浆机中，注水至水位线。
3. 盖上豆浆机机头，开始打浆，待豆浆机运转约15分钟，即成豆浆。
4. 将豆浆机断电，取下机头，滤取豆浆，倒入碗中即可。

扫一扫看视频

🕐 16分钟

😴 安神助眠

紫薯牛奶豆浆

原料： 紫薯30克，水发黄豆50克，牛奶200毫升

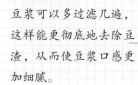

烹饪小提示

豆浆可以多过滤几遍，这样能更彻底地去除豆渣，从而使豆浆口感更加细腻。

做法

1 洗净的紫薯切成滚刀块，装入盘中，备用。

2 把紫薯放入豆浆机中，倒入牛奶、已浸泡8小时的黄豆，注水至水位线。

3 盖上豆浆机机头，开始打浆。

4 待豆浆机运转约15分钟，即成豆浆。

5 将豆浆机断电，取下机头，把煮好的豆浆倒入滤网，滤取豆浆。

6 把滤好的豆浆倒入碗中，用汤匙捞去浮沫即可。

紫薯山药豆浆

⏱ 16分钟　　🥄 增强免疫力

原料： 山药20克，紫薯15克，水发黄豆50克

做法

1　洗净去皮的山药、洗好的紫薯均切块；将已浸泡8小时的黄豆注水洗净，沥水。

2　将备好的紫薯、山药、黄豆倒入豆浆机中，注水至水位线。

3　盖上豆浆机机头，开始打浆，待豆浆机运转约15分钟，即成豆浆。

4　将豆浆机断电，取下机头，滤取豆浆，倒入碗中即可。

紫薯糯米豆浆

🕐 21分钟　　☁ 益气补血

原料： 紫薯60克，水发黄豆50克，水发糯米65克

做法

1 洗净去皮的紫薯切丁；将浸泡8小时的黄豆、浸泡4小时的糯米加水洗净。

2 将洗好的材料沥水，倒入豆浆机中，放入紫薯，注水至水位线。

3 盖上豆浆机机头，开始打浆，待豆浆机运转约20分钟，即成豆浆。

4 将豆浆机断电，取下机头，滤取豆浆，倒入碗中即可。

扫一扫看视频

红薯豆浆

🕐 17分钟　☁️ 增强免疫力

原料： 水发黄豆50克，红薯块50克

调料： 白糖适量

做法

1 将已浸泡8小时的黄豆倒入碗中，注水洗净，沥水。

2 将备好的红薯、黄豆倒入豆浆机中，注水至水位线。

3 盖上豆浆机机头，开始打浆，待豆浆机运转约15分钟，即成豆浆。

4 将豆浆机断电，取下机头，滤取豆浆，倒入杯中，加白糖，拌匀即可。

扫一扫看视频

红薯芝麻豆浆

🕐 17分钟　☁️ 养心润肺

原料： 水发黄豆40克，红薯块30克，黑芝麻5克

调料： 白糖少许

做法

1 将已浸泡8小时的黄豆倒入碗中，加水洗净，沥水。

2 取豆浆机，倒入洗净的黄豆，放入黑芝麻、红薯块，注水至水位线。

3 盖上豆浆机机头，开始打浆，待豆浆机运转约15分钟，即成豆浆。

4 将豆浆机断电，取下机头，滤取豆浆，倒入碗中，加白糖，拌匀即可。

扫一扫看视频

红薯山药豆浆

⏱ 17分钟　🍵 开胃消食

原料： 红薯30克，山药30克，水发黄豆50克，小麦30克
调料： 白糖适量

做法

1　将已浸泡8小时的黄豆、红薯、山药、小麦加水洗净，滤水。

2　将备好的山药、红薯、黄豆、小麦倒入豆浆机中，注水至水位线。

3　盖上豆浆机机头，开始打浆，待豆浆机运转约15分钟，即成豆浆。

4　断电后取下机头，滤取豆浆，倒入碗中，加入白糖，拌匀即可。

麦仁豆浆

⏱ 21分钟　🫁 养心润肺

原料：水发小麦45克，水发红豆40克

扫一扫看视频

做法

1 将已浸泡6小时的红豆倒入碗中，放入已浸泡4小时的小麦，加水洗净。

2 将洗好的材料沥水，倒入豆浆机中，注水至水位线。

3 盖上豆浆机机头，开始打浆，待豆浆机运转约20分钟即成豆浆。

4 将豆浆机断电，取下机头，滤取豆浆，倒入碗中即可。

扫一扫看视频

21分钟

安神助眠

安神麦米豆浆

原料： 水发小麦20克，水发黄豆50克，糯米10克

烹饪小提示

糯米可以泡发后再打豆浆，这样能节省打豆浆的时间。

做法

1 将洗净的糯米倒入碗中，放入泡发好的小麦、黄豆，注水洗净。

2 把洗好的食材倒入滤网，沥干水分。

3 将洗净的食材倒入豆浆机中，注水至水位线。

4 盖上豆浆机机头，选择"五谷"程序，再选择"开始"键，开始打浆。

5 待豆浆机运转约20分钟，即成豆浆。

6 将豆浆机断电，取下机头，滤取豆浆，倒入碗中即可。

小麦玉米豆浆

⏱ 21分钟 🍵 增强免疫力

扫一扫看视频

原料： 水发黄豆40克，水发小麦20克，玉米粒15克

做法

1 将已浸泡8小时的黄豆、小麦倒入碗中，注水洗净。

2 把洗好的食材沥水，倒入豆浆机中，加入洗净的玉米粒，注水至水位线。

3 盖上豆浆机机头，开始打浆，待豆浆机运转约20分钟，即成豆浆。

4 将豆浆机断电，取下机头，滤取豆浆，倒入杯中即可。

扫一扫看视频

小麦核桃红枣豆浆

⏱ 21分钟　🧠 增强免疫力

原料： 水发黄豆50克，水发小麦30克，红枣、核桃仁各适量

做法

1 洗净的红枣切块；将已浸泡8小时的黄豆、已泡4小时的小麦倒入碗中，洗净。

2 将备好的核桃仁、黄豆、小麦、红枣倒入豆浆机中，注水至水位线。

3 盖上豆浆机机头，开始打浆，待豆浆机运转约20分钟，即成豆浆。

4 将豆浆机断电，取下机头，滤取豆浆，倒入杯中即可。

扫一扫看视频

大麦红枣抗过敏豆浆

🕐 22分钟　　😊 开胃消食

原料： 水发黄豆60克，大麦40克，红枣12克

做法

1　洗净的红枣切开，去核，再切成小块。
2　将泡发好的黄豆倒入豆浆机中，倒入洗好的大麦、红枣，注水至水位线。
3　盖上豆浆机机头，开始打浆，待豆浆机运转约20分钟，即成豆浆。
4　将豆浆机断电，取下机头，滤取豆浆，倒入碗中即可。

扫一扫看视频

燕麦糙米豆浆

🕐 21分钟　　😊 美容养颜

原料： 水发黄豆40克，燕麦10克，糙米5克

做法

1　将已浸泡8小时的黄豆倒入碗中，加入糙米，注水洗净，沥水。
2　将洗好的黄豆、糙米、燕麦倒入豆浆机中，注水至水位线。
3　盖上豆浆机机头，开始打浆，待豆浆机运转约20分钟，即成豆浆。
4　将豆浆机断电，取下机头，滤取豆浆，倒入碗中即可。

扫一扫看视频

🕐 17分钟

美容养颜

燕麦黑芝麻豆浆

原料： 燕麦、黑芝麻各20克，水发黄豆50克

烹饪小提示

在打豆浆前，可以将黑芝麻炒熟，这样可以有效减轻黑芝麻本身带有的苦涩味。

做法

1 将燕麦、已浸泡8小时的黄豆倒入碗中，加水洗净。

2 将洗好的食材倒入滤网，沥干水分。

3 把黑芝麻倒入豆浆机中，再放入燕麦、黄豆，注水至水位线。

4 盖上豆浆机机头，开始打浆，待豆浆机运转约15分钟，即成豆浆。

5 将豆浆机断电，取下机头，把煮好的豆浆倒入滤网，滤取豆浆。

6 把滤好的豆浆倒入碗中，用汤匙捞去浮沫，放凉后即可饮用。

荞麦豆浆

🕐 21分钟　　😊 开胃消食

扫一扫看视频

原料： 水发黄豆80克，荞麦80克
调料： 白糖15克

做法

1 将荞麦倒入碗中，再放入已浸泡8小时的黄豆，加水洗净。

2 将洗好的材料沥干水分，倒入豆浆机中，注水至水位线。

3 盖上豆浆机机头，开始打浆，待豆浆机运转约20分钟，即成豆浆。

4 将豆浆机断电，取下机头，滤取豆浆，倒入碗中，用汤匙撇去浮沫，加入白糖调味即可。

荞麦大米豆浆

🕐 21分钟　　🫁 养心润肺

原料： 荞麦30克，水发大米40克，水发黄豆55克

做法

1. 将已浸泡8小时的黄豆倒入碗中，放入荞麦、泡发好的大米，加水洗净。

2. 将洗好的材料倒入滤网，沥干水分，倒入豆浆机中。

3. 注入适量清水，至水位线即可。

4. 盖上豆浆机机头，开始打浆，待豆浆机运转约20分钟，即成豆浆。

5. 将豆浆机断电，取下机头，滤取豆浆，倒入碗中即可。

烹饪小提示

荞麦米口感较粗糙，最好不要单独食用，与大米搭配，可减轻粗糙感。

荞麦枸杞豆浆

 *16分钟*   *保护视力*

扫一扫看视频

原料： 水发黄豆55克，枸杞25克，荞麦30克

做法

1 将已浸泡8小时的黄豆倒入碗中，再放入荞麦，加水洗净。

2 把备好的枸杞、黄豆、荞麦倒入豆浆机中，注水至水位线即可。

3 盖上豆浆机机头，开始打浆，待豆浆机运转约15分钟，即成豆浆。

4 将豆浆机断电，取下机头，滤取豆浆，倒入杯中即可。

坚果豆浆

坚果，果如其名，拥有坚硬的口感，但这种味觉触碰并不会让人产生难以咀嚼甚至无法下咽的烦躁，相反，它自身带有的那些脆性以及韧性恰到好处地中和了作为种子应当具备的硬度，所以，它给我们带来的是舌尖上的享受，尤其当它与豆浆结合后，更能给我们带来一场浓香的味觉盛宴。

扫一扫看视频

杏仁榛子豆浆

⏱ 16分钟　　🫕 开胃消食

原料： 榛子4克，杏仁5克，水发黄豆40克

做法

1 将已浸泡8小时的黄豆倒入碗中，注水洗净，沥水。

2 将备好的杏仁、榛子、黄豆倒入豆浆机中，注水至水位线。

3 盖上豆浆机机头，开始打浆，待豆浆机运转约15分钟，即成豆浆。

4 将豆浆机断电，取下机头，滤取豆浆，倒入碗中即可。

核桃花生豆浆

🕐 22分钟 🍲 益气补血

原料： 核桃仁25克，花生米35克，大米40克，水发黄豆50克

做法

1. 将已浸泡8小时的黄豆倒入碗中，放入大米，加水洗净。
2. 将材料沥水，倒入豆浆机，放入洗好的花生米、核桃仁，注水至水位线即可。
3. 盖上豆浆机机头，开始打浆，待豆浆机运转约20分钟，即成豆浆。
4. 将豆浆机断电，取下机头，滤取豆浆，倒入杯中即可。

核桃杏仁豆浆

🕐 16分钟 🍲 养心润肺

原料： 水发黄豆80克，核桃仁、杏仁各25克
调料： 冰糖20克

做法

1. 将已浸泡8小时的黄豆倒入碗中，加水洗净，沥水。
2. 把备好的黄豆、核桃仁、杏仁、冰糖倒入豆浆机中，注水至水位线。
3. 盖上豆浆机机头，开始打浆，待豆浆机运转约15分钟，即成豆浆。
4. 将豆浆机断电，取下机头，滤取豆浆，倒入碗中即可。

扫一扫看视频

⏱ *16分钟*

💪 *清热解毒*

杏仁豆浆

原料： 杏仁10克，水发黄豆50克

烹饪小提示

暂时不用的杏仁要保存在
密封的盒子里，放在干燥
的地方，避免阳光直射。

做法

1 将已浸泡8小时的黄
豆倒入碗中，注水
洗净。

2 把洗好的黄豆倒入滤
网，沥干水分。

3 将备好的黄豆、杏仁
倒入豆浆机中，注水
至水位线。

4 盖上豆浆机机头，开
始打浆，待豆浆机运
转约15分钟，即成
豆浆。

5 将豆浆机断电，取下
机头。

6 把煮好的豆浆倒入滤
网，滤取豆浆，倒入
碗中即可。

核桃黑芝麻豆浆

⏱ 16分钟　☁ 清热解毒

扫一扫看视频

原料： 水发黄豆50克，核桃仁、黑芝麻各15克
调料： 白糖10克

做法

1 将已浸泡8小时的黄豆倒入碗中，加水洗净，沥水。

2 把洗好的黄豆、黑芝麻、核桃仁倒入豆浆机中，注水至水位线。

3 盖上豆浆机机头，开始打浆，待豆浆机运转约15分钟，即成豆浆。

4 将豆浆机断电，取下机头，滤取豆浆，倒入杯中，加入白糖，拌匀即可。

麦香杏仁豆浆

⏱ 21分钟 🍲 美容养颜

原料： 燕麦35克，杏仁25克，水发黄豆45克

做法

 1 将燕麦倒入碗中，放入已浸泡8小时的黄豆，加水洗净。

 2 将洗好的材料倒入滤网，沥干水分。

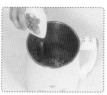 3 把洗好的材料倒入豆浆机中，放入备好的杏仁，注水至水位线。

 4 盖上豆浆机机头，开始打浆，待豆浆机运转约20分钟，即成豆浆。

 5 将豆浆机断电，取下机头，滤取豆浆，倒入碗中即可。

烹饪小提示

杏仁可预先泡发甚至焗炒一会儿，这样能有效减轻苦味。

风味杏仁豆浆

⏱ 16分钟　☁ 养心润肺

扫一扫看视频

原料： 水发黄豆85克，杏仁25克
调料： 白糖10克

做法

1 将已浸泡8小时的黄豆倒入碗中，加水洗净，沥水。

2 把洗好的黄豆、杏仁倒入豆浆机中，注水至水位线。

3 盖上豆浆机机头，开始打浆，待豆浆机运转约15分钟，即成豆浆。

4 将豆浆机断电，取下机头，滤取豆浆，倒入杯中，加白糖，拌匀即可。

扫一扫看视频

8分钟

降低血压

核桃豆浆

原料： 水发黄豆120克，核桃仁40克
调料： 白糖适量

烹饪小提示

豆浆榨好后如不立即食用，最好封上保鲜膜，以免味道变酸。

做法

1 取榨汁机，选择搅拌刀座组合，倒入洗净的黄豆，注水。

2 通电后选择"榨汁"功能，搅拌至黄豆呈细末状，断电后滤取豆汁。

3 取榨汁机，选择搅拌刀座组合，放入洗净的核桃仁，注入备好的豆汁。

4 通电后选择"榨汁"功能，搅拌至核桃仁呈碎末状，断电后装碗，即成生豆浆。

5 砂锅置火上，倒入拌好的生豆浆，用大火煮约5分钟，至汁水沸腾，掠去浮沫。

6 加入适量白糖，拌匀，用中火续煮至糖分溶化，装碗即成。

扫一扫看视频

杏仁槐花豆浆

⏱ 17分钟　🫘 养心润肺

原料： 水发黄豆50克，杏仁15克，槐花少许
调料： 蜂蜜适量

做法

1. 将已浸泡8小时的黄豆倒入碗中，加水洗净，沥水。
2. 把洗好的黄豆倒入豆浆机中，放入备好的杏仁、槐花，注水至水位线。
3. 盖上豆浆机机头，开始打浆，待豆浆机运转约15分钟，即成豆浆。
4. 将豆浆机断电，取下机头，滤取豆浆，倒入杯中，加入蜂蜜，拌匀即可。

扫一扫看视频

花生豆浆

⏱ 17分钟　🫘 益智健脑

原料： 花生米50克，水发黄豆55克

做法

1. 将花生米倒入碗中，再放入已浸泡8小时的黄豆，加水洗净，沥水。
2. 把洗好的黄豆、花生米倒入豆浆机中，注水至水位线。
3. 盖上豆浆机机头，开始打浆，待豆浆机运转约15分钟，即成豆浆。
4. 将豆浆机断电，取下机头，滤取豆浆，倒入碗中即可。

扫一扫看视频

花生牛奶豆浆

⏱ 17分钟　　☁ 安神助眠

原料： 花生米30克，水发黄豆50克，牛奶100毫升

做法

1 将花生倒入碗中，再放入已浸泡8小时的黄豆，加水洗净。

2 把洗好的黄豆、花生倒入豆浆机中，倒入牛奶，注水至水位线。

3 盖上豆浆机机头，开始打浆，待豆浆机运转约15分钟，即成豆浆。

4 将豆浆机断电，取下机头，滤取豆浆，倒入杯中即可。

葵花子豆浆

⏱ 16分钟　☁ 增强免疫力

扫一扫看视频

原料： 水发黄豆50克，葵花子35克

做法

1 将已浸泡8小时的黄豆倒入碗中，加水洗净，沥水。

2 把葵花子、黄豆倒入豆浆机中，注水至水位线。

3 盖上豆浆机机头，开始打浆，待豆浆机运转约15分钟，即成豆浆。

4 将豆浆机断电，取下机头，滤取豆浆，倒入杯中即可。

南瓜子豆浆

🕐 16分钟　　☁ 降低血压

原料： 水发黄豆60克，南瓜子50克

做法

1 将已浸泡8小时的黄豆倒入碗中，加水洗净。

2 把洗好的黄豆倒入滤网，沥干水分。

3 将洗好的南瓜子、黄豆倒入豆浆机中，注水至水位线。

4 盖上豆浆机机头，开始打浆，待豆浆机运转约15分钟，即成豆浆。

烹饪小提示

南瓜子可以干炒一会儿再打豆浆，这样煮好的豆浆更香浓。

5 将豆浆机断电，取下机头，滤取豆浆，倒入碗中即可。

扫一扫看视频

板栗豆浆

  16分钟 保肝护肾

扫一扫看视频

原料： 板栗肉100克，水发黄豆80克
调料： 白糖适量

做法

1. 将洗净的板栗肉切块；把已浸泡8小时的黄豆倒入碗中，加水洗净，沥水。

2. 将黄豆、板栗肉倒入豆浆机中，加水至水位线。

3. 盖上豆浆机机头，启动豆浆机，待豆浆机运转约15分钟，即成豆浆。

4. 将豆浆机断电，取下机头，滤去豆渣，倒入碗中，加白糖，拌匀即可。

扫一扫看视频

板栗燕麦豆浆

⏱ 16分钟　　☁ 降低血糖

原料： 水发黄豆50克，板栗肉20克，水发燕麦30克
调料： 白糖适量

做法

1 将洗净的板栗肉切块；把已浸泡8小时的黄豆倒入碗中，放入泡好的燕麦，加水洗净。

2 把洗净的食材沥水，倒入豆浆机中，加入板栗块，倒水至水位线。

3 盖上豆浆机机头，启动豆浆机，待豆浆机运转约15分钟，即成豆浆。

4 将豆浆机断电，取下机头，滤去豆渣，倒入碗中，加白糖即可。

扫一扫看视频

松仁黑豆豆浆

⏱ *16分钟* 🍵 *安神助眠*

原料: 松仁20克,水发黑豆55克

做法

1 把洗好的松仁倒入豆浆机中,倒入洗净泡好的黑豆,注水至水位线。

2 盖上豆浆机机头,开始打浆,待豆浆机运转约15分钟,即成豆浆。

3 将豆浆机断电,取下机头,滤取豆浆。

4 倒入碗中,用汤匙撇去浮沫即可。

扫一扫看视频

果仁豆浆

⏱ *17分钟* 🍵 *保肝护肾*

原料: 水发黄豆100克,腰果、榛子各30克
调料: 冰糖10克

做法

1 将洗净的腰果、榛子和已浸泡8小时的黄豆倒入碗中,加水洗净。

2 将材料沥水,把洗好的材料和冰糖倒入豆浆机中,注水至水位线。

3 盖上豆浆机机头,开始打浆,待豆浆机运转约15分钟,即成豆浆。

4 将豆浆机断电,取下机头,滤取豆浆,倒入杯中即可。

扫一扫看视频

🕐 16分钟

💪 增强免疫力

牛奶开心果豆浆

原料： 牛奶30毫升，开心果仁5克，水发黄豆50克

烹饪小提示

牛奶也可最后加入，奶香味会更浓。剩余的牛奶应盖好盖子放置在阴凉处，最好放入冰箱。

做法

1 将已浸泡8小时的黄豆倒入碗中，注水洗净。

2 把洗好的黄豆倒入滤网，沥干水分。

3 将备好的黄豆、开心果仁、牛奶倒入豆浆机中，注水至水位线。

4 盖上豆浆机机头，开始打浆，待豆浆机运转约15分钟，即成豆浆。

5 将豆浆机断电，取下机头。

6 把煮好的豆浆倒入滤网，滤取豆浆，倒入杯中即可。

PART 03 创意豆浆，
带你享受别样新口感

　　你想尝试新鲜事物吗？你敢挑战与众不同的另类口感吗？如果你是一个在食物选择上永远追求新意的人，并且还是一个地地道道的吃货，那么接下来的这几十款花样豆浆，绝对不容错过！

蔬菜豆浆

我知道，有一些人并不喜欢蔬菜的清淡，我也知道，有一些人甚至讨厌豆类那股浓重的豆子味儿，但是，众所周知，蔬菜也好，豆类也罢，都是对人体十分有益的健康食品。所以，为了让挑食的人可以保持营养的均衡，在此特意做出独特创新，将豆类与蔬菜融为了和谐的一体，让蔬菜淡化豆味儿，让豆类添味儿于蔬菜。

扫一扫看视频

山药莲子双豆豆浆

⏱ *16分钟*   ☁ 养心润肺

原料： 山药65克，莲子15克，水发黄豆45克，水发红豆40克
调料： 冰糖适量

做法

1 洗净去皮的山药切片；将已浸泡8小时的黄豆倒入碗中，放入已浸泡6小时的红豆。

2 加水洗净，沥水，倒入豆浆机，放入莲子、山药、冰糖，注水至水位线。

3 盖上豆浆机机头，开始打浆，待豆浆机运转约15分钟，即成豆浆。

4 将豆浆机断电，取下机头，滤取豆浆，倒入碗中即可。

扫一扫看视频

青瓜豆浆

🕐 16分钟　🥄 清热解毒

原料： 水发黄豆50克，黄瓜35克
调料： 白糖适量

做法

1. 洗净的黄瓜切片；将已浸泡8小时的黄豆倒入碗中，加水洗净，沥水。
2. 把备好的黄豆、黄瓜倒入豆浆机中，加白糖，注水。
3. 盖上豆浆机机头，开始打浆，待豆浆机运转约15分钟，即成豆浆。
4. 将豆浆机断电，取下机头，滤取豆浆，倒入杯中即可。

扫一扫看视频

黄瓜雪梨豆浆

🕐 17分钟　🥄 开胃消食

原料： 黄瓜块40克，雪梨块45克，水发黄豆50克

做法

1. 将已浸泡8小时的黄豆倒入碗中，加水洗净，沥水。
2. 把黄豆、雪梨、黄瓜倒入豆浆机中，注水至水位线。
3. 盖上豆浆机机头，开始打浆，待豆浆机运转约15分钟，即成豆浆。
4. 将豆浆机断电，取下机头，滤取豆浆，倒入杯中即可。

扫一扫看视频

16分钟

增强免疫力

山药绿豆豆浆

原料： 山药120克，水发绿豆40克，水发黄豆50克

调料： 白糖适量

烹饪小提示

挑选绿豆除了看颜色，还要用手摸。此外，如果用水浸泡，水很快变色，就要注意是否被染色了。

做法

1 洗净去皮的山药切片，备用。

2 将已浸泡6小时的绿豆倒入碗中，放入已浸泡8小时的黄豆，加水洗净。

3 将洗好的食材倒入滤网，沥干水分。

4 把洗好的食材倒入豆浆机中，加入适量白糖，注水至水位线。

5 盖上豆浆机机头，开始打豆浆，待豆浆机运转约15分钟，即成豆浆。

6 将豆浆机断电，取下机头，滤取豆浆，倒入碗中即可饮用。

山药南瓜豆浆

⏱ 21分钟　　☁ 益气补血

扫一扫看视频

原料： 山药30克，南瓜30克，水发黄豆50克，燕麦10克，小米10克，大米10克

做法

1 洗净去皮的南瓜切块，洗好去皮的山药切丁，将泡8小时的黄豆、燕麦、小米、大米洗净。

2 将食材沥水，将备好的山药、南瓜倒入豆浆机中，放入洗净的食材，注水至水位线。

3 盖上豆浆机机头，开始打浆，待豆浆机运转约20分钟，即成豆浆。

4 将豆浆机断电，取下机头，滤取豆浆，倒入碗中即可。

黄瓜玫瑰豆浆

🕐 16分钟　　🍵 开胃消食

原料： 黄瓜30克，水发黄豆50克，燕麦20克，玫瑰花少许

做法

1 洗净去皮的黄瓜切成块，备用。

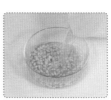
2 将已浸泡8小时的黄豆倒入碗中，注水洗净，沥水。

3 将备好的黄豆、黄瓜、玫瑰花、燕麦倒入豆浆机中，注水至水位线。

4 盖上豆浆机机头，开始打浆，待豆浆机运转约15分钟，即成豆浆。

烹饪小提示

若喜欢更浓的黄瓜味，可以不用去皮。

5 将豆浆机断电，取下机头，滤取豆浆，倒入碗中即可。

番茄豆浆

🕐 17分钟　　🍵 益气补血

原料：水发黄豆50克，番茄酱少许

做法

1　将已浸泡8小时的黄豆倒入碗中，加水洗净，倒入滤网，沥水。

2　把洗好的黄豆倒入豆浆机中，注水至水位线。

3　盖上豆浆机机头，开始打浆，约15分钟，把煮好的豆浆倒入滤网，滤取豆浆。

4　倒入碗中，用汤匙撇去浮沫，挤入适量番茄酱，拌匀即可。

西红柿山药豆浆

 16分钟　　开胃消食

原料： 水发黄豆50克，西红柿50克，山药50克

做法

1 洗好的西红柿切块；洗净去皮的山药切块。

2 将切好的山药、西红柿倒入豆浆机中，倒入泡好的黄豆，加水至水位线。

3 盖上豆浆机机头，开始打浆，待豆浆机运转约15分钟，即成豆浆。

4 将豆浆机断电，取下机头，滤取豆浆，倒入碗中即可。

扫一扫看视频

南瓜豆浆

⏱ *16分钟* 🍵 *益气补血*

原料： 南瓜块30克，水发黄豆50克

做法

1 将已浸泡8小时的黄豆倒入碗中，注水洗净，沥水。

2 将南瓜块、黄豆倒入豆浆机中，注水至水位线。

3 盖上豆浆机机头，开始打浆，待豆浆机运转约15分钟，即成豆浆。

4 将豆浆机断电，取下机头，滤取豆浆，倒入碗中即可。

扫一扫看视频

南瓜红米豆浆

⏱ *16分钟* 🍵 *益气补血*

原料： 水发黄豆40克，水发红米20克，南瓜50克

做法

1 洗净去皮的南瓜切块，将已浸泡4小时的红米、已浸泡8小时的黄豆洗净，沥水。

2 把备好的南瓜、红米、黄豆倒入豆浆机中，注水至水位线即可。

3 盖上豆浆机机头，开始打浆，待豆浆机运转约15分钟，即成豆浆。

4 将豆浆机断电，取下机头，滤取豆浆，倒入碗中即可。

扫一扫看视频

16分钟

开胃消食

芹枣豆浆

原料： 红枣15克，西芹40克，水发黄豆60克

烹饪小提示

可将西芹的皮刮去后再打豆浆，这样可以减少残渣，使豆浆的口感更加细腻爽滑。

做法

1. 洗净的西芹切段；洗好的红枣去核，切块。

2. 将已浸泡8小时的黄豆倒入碗中，加水洗净。

3. 将洗好的黄豆倒入滤网，沥干水分。

4. 把洗好的黄豆倒入豆浆机中，放入西芹、红枣，注水至水位线。

5. 盖上豆浆机机头，开始打浆，待豆浆机运转约15分钟，即成豆浆。

6. 将豆浆机断电，取下机头，滤取豆浆，倒入碗中即可。

莴笋黄瓜豆浆

🕐 16分钟　🍵 清热解毒

扫一扫看视频

原料：莴笋50克，黄瓜60克，水发黄豆55克

做法

1 洗净去皮的黄瓜切块；洗好去皮的莴笋切块。

2 把切好的莴笋、黄瓜倒入豆浆机中，倒入泡发、洗好的黄豆，注水至水位线。

3 盖上豆浆机机头，开始打浆，待豆浆机运转约15分钟，即成豆浆。

4 将豆浆机断电，取下机头，滤取豆浆，倒入杯中即可。

莴笋核桃豆浆

⏱ *16分钟*　☁ *养心润肺*

原料：莴笋65克，核桃仁30克，水发黑豆55克

做法

 1 洗净去皮的莴笋切成滚刀块，备用。

 2 把备好的莴笋、核桃仁倒入豆浆机中，放入泡发、洗好的黑豆，注水至水位线。

 3 盖上豆浆机机头，开始打浆，待豆浆机运转约15分钟，即成豆浆。

 4 将豆浆机断电，取下机头，滤取豆浆，倒入杯中即可。

扫一扫看视频

扫一扫看视频

马蹄黑豆浆

⏱ 16分钟　🥄 开胃消食

原料： 马蹄肉25克，水发黑豆50克

【做法】

1. 洗净的马蹄肉切块；将已浸泡8小时的黑豆倒入碗中，加水洗净。
2. 将洗好的黑豆沥水，倒入豆浆机中，放入马蹄肉，注水至水位线。
3. 盖上豆浆机机头，开始打浆，待豆浆机运转约15分钟，即成豆浆。
4. 将豆浆机断电，取下机头，滤取豆浆，倒入碗中即可。

马蹄番茄豆浆

⏱ 16分钟　🥄 开胃消食

原料： 西红柿40克，马蹄肉40克，水发黄豆50克，冰糖适量

【做法】

1. 洗净的西红柿切丁；洗净的马蹄肉切块；将浸泡8小时的黄豆洗净，沥水。
2. 将备好的冰糖、马蹄、西红柿、黄豆倒入豆浆机中，注水至水位线。
3. 盖上豆浆机机头，开始打浆，待豆浆机运转约15分钟，即成豆浆。
4. 将豆浆机断电，取下机头，滤取豆浆，倒入碗中即可。

胡萝卜豆浆

🕐 27分钟　　🫁 增强免疫力

原料： 胡萝卜块20克，水发黄豆50克

做法

1 将已浸泡8小时的黄豆倒入碗中，注水洗净。

2 取豆浆机，倒入备好的黄豆、胡萝卜块，注水至水位线。

3 盖上豆浆机机头，开始打浆，待豆浆机运转约25分钟，即成豆浆。

4 断电后取下豆浆机机头，将打好的豆浆倒入滤网中，用勺子搅拌，滤取豆浆。

烹饪小提示

可以在豆浆中加入适量白糖以淡化胡萝卜的苦涩味。

5 把滤好的豆浆倒入碗中，待稍凉后即可饮用。

胡萝卜黑豆豆浆

🕐 17分钟　　🥤 降低血压

扫一扫看视频

原料： 水发黑豆60克，胡萝卜块50克

做法

 1 将已浸泡8小时的黑豆倒入碗中，加水洗净，沥水。

 2 把黑豆、胡萝卜块倒入豆浆机中，注水至水位线。

 3 盖上豆浆机机头，开始打浆，待豆浆机运转约15分钟，即成豆浆。

 4 将豆浆机断电，取下机头，滤取豆浆，倒入杯中即可。

扫一扫看视频

白萝卜豆浆

⏱ 17分钟　🥕 美容养颜

原料： 水发黄豆60克，白萝卜50克
调料： 白糖适量

做法

1　洗净去皮的白萝卜切块；将已浸泡8小时的黄豆洗净，沥水。

2　将黄豆、白萝卜倒入豆浆机中，注水至水位线。

3　盖上豆浆机机头，开始打浆，待豆浆机运转约15分钟，即成豆浆。

4　将豆浆机断电，取下机头，滤取豆浆，放白糖，拌匀即可。

扫一扫看视频

白萝卜冬瓜豆浆

🕐 16分钟　😊 清热解毒

原料： 水发黄豆60克，冬瓜15克，白萝卜15克
调料： 盐1克

做法

1. 洗净去皮的冬瓜切块；洗好去皮的白萝卜切块。
2. 把已浸泡8小时的黄豆、冬瓜丁、白萝卜丁倒入豆浆机，注水至水位线。
3. 盖上豆浆机机头，开始打浆，待豆浆机运转约15分钟，即成豆浆。
4. 将豆浆机断电，取下机头，滤取豆浆，倒入杯中，加盐，拌匀即可。

扫一扫看视频

茄子豆浆

🕐 17分钟　😊 清热解毒

原料： 茄子50克，水发黄豆45克

做法

1. 洗净的茄子切块，再切条，改切成小丁块。
2. 把泡发、洗净的黄豆倒入豆浆机中，倒入切好的茄子，注水至水位线。
3. 盖上豆浆机机头，开始打浆，待豆浆机运转约15分钟，即成豆浆。
4. 将豆浆机断电，取下机头，滤取豆浆，倒入杯中即可。

扫一扫看视频

🕐 16分钟

☁ 增强免疫力

生菜蒜汁豆浆

原料： 生菜10克，蒜头10克，水发黄豆50克

烹饪小提示

清洗生菜时，最好先浸泡在盐水中以充分杀菌。大蒜事先油炸再打浆，这样口感更佳。

做法

1 洗净的生菜切段，再切碎，待用。

2 将已浸泡8小时的黄豆倒入碗中，注水洗净。

3 把洗好的黄豆倒入滤网，沥干水分。

4 将蒜头、黄豆、生菜倒入豆浆机中，注水至水位线。

5 盖上豆浆机机头，开始打浆，待豆浆机运转约15分钟，即成豆浆。

6 将豆浆机断电，取下机头，滤取豆浆，倒入杯中即可。

白菜果汁豆浆

⏱ 32分钟　☁ 清热解毒

扫一扫看视频

原料： 白菜60克，水发黑豆50克，柠檬片、枸杞各少许

做法

1 洗净的白菜切块，备用。

2 取豆浆机，放入备好的柠檬片、枸杞、泡发好的黑豆、白菜块，倒水至水位线。

3 盖上豆浆机机头，运转约30分钟，制成豆浆。

4 断电后取下机头，滤取豆浆，取一碗，倒入豆浆即可。

香芋燕麦豆浆

🕐 16分钟　　🍵 美容养颜

原料： 芋头140克，燕麦片40克，水发黄豆40克

做法

1 洗净去皮的芋头切片，再切小块。

2 将已浸泡8小时的黄豆倒入碗中，加水洗净，沥水。

3 把黄豆、燕麦片、芋头倒入豆浆机中，注水至水位线。

4 盖上豆浆机机头，开始打浆，待豆浆机运转约15分钟，即成豆浆。

烹饪小提示

燕麦的淀粉含量较多，因此可多加些水，以免豆浆太黏稠。

5 将豆浆机断电，取下机头，滤取豆浆，倒入碗中即可。

青葱燕麦豆浆

 16分钟　 清热解毒

扫一扫看视频

原料： 水发黄豆55克，燕麦35克，葱段15克

做法

1 将已浸泡8小时的黄豆倒入碗中，放入燕麦，加水洗净，沥水。

2 把葱段、燕麦、黄豆倒入豆浆机中，注水至水位线。

3 盖上豆浆机机头，开始打浆，待豆浆机运转约15分钟，即成豆浆。

4 将豆浆机断电，取下机头，滤取豆浆，倒入杯中即可。

105

水果
豆浆

形形色色的水果，酸甜软硬，各具风味，还有那或淡或浓的果香，总是在不经意间勾起大家的食欲。我想，没有人是不吃水果的，一种或者几十种，总有你喜欢的味道。那么，如此热爱水果的你，是否想过水果搭配豆浆也会别有一番风味呢？

扫一扫看视频

菠萝豆浆

🕐 16分钟　🐷 美容养颜

原料： 水发黄豆50克，菠萝肉30克

做法

1. 洗净的菠萝切块；将已浸泡8小时的黄豆洗净，沥水。
2. 把备好的黄豆、菠萝倒入豆浆机中，注水至水位线。
3. 盖上豆浆机机头，开始打浆，待豆浆机运转约15分钟，即成豆浆。
4. 将豆浆机断电，取下机头，滤取豆浆，倒入碗中即可。

扫一扫看视频

香橙豆浆

⏱ *16分钟* 🍃 *降低血脂*

原料： 水发黄豆40克，橙子30克

做法

1. 洗净的橙子切块；将已浸泡8小时的黄豆倒入碗中，注水洗净，沥水。
2. 将备好的黄豆、橙子倒入豆浆机中，注水至水位线。
3. 盖上豆浆机机头，开始打浆，待豆浆机运转约15分钟，即成豆浆。
4. 将豆浆机断电，取下机头，滤取豆浆，倒入杯中即可。

扫一扫看视频

香芒豆浆

⏱ *16分钟* 🍃 *开胃消食*

原料： 芒果40克，水发黄豆50克
调料： 冰糖适量

做法

1. 洗好的芒果翻出果肉取下；将已浸泡8小时的黄豆倒入碗中，注水洗净。
2. 把洗好的黄豆沥水，把黄豆、芒果、冰糖倒入豆浆机中，注水至水位线。
3. 盖上豆浆机机头，开始打浆，待豆浆机运转约15分钟，即成豆浆。
4. 将豆浆机断电，取下机头，滤取豆浆，倒入碗中即可。

扫一扫看视频

蜜柚豆浆

🕐 16分钟　　🥣 开胃消食

原料：水发黄豆50克，柚子肉40克

做法

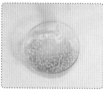

1 将已浸泡8小时的黄豆倒入碗中，注水洗净。

2 把洗好的黄豆倒入滤网，沥干水分。

3 将黄豆、柚子肉倒入豆浆机中，注水至水位线。

4 盖上豆浆机机头，开始打浆，待豆浆机运转约15分钟，即成豆浆。

烹饪小提示

柚子最好瓣成小块，这样更容易打碎。

5 将豆浆机断电，取下机头，滤取豆浆，倒入碗中即可。

木瓜豆浆

🕐 15分钟　🍵 增强免疫力

扫一扫看视频

原料：木瓜块30克，水发黄豆50克

做法

1 将已浸泡8小时的黄豆倒入碗中，注水洗净，沥水。

2 将木瓜块、黄豆倒入豆浆机中，注水至水位线。

3 盖上豆浆机机头，开始打浆，待豆浆机运转约15分钟，即成豆浆。

4 将豆浆机断电，取下机头，滤取豆浆，倒入碗中即可。

扫一扫看视频

⏱ 16分钟

💪 美容养颜

火龙果豆浆

原料： 水发黄豆60克，火龙果肉30克

烹饪小提示

如果在夏季饮用此豆浆，可以在喝之前放入冰箱冷藏一会儿，这样，口感会更佳。

做法

1 将已浸泡8小时的黄豆倒入碗中，注水洗净。

2 把洗好的黄豆倒入滤网，沥干水分。

3 将备好的黄豆、火龙果肉倒入豆浆机，注水至水位线。

4 盖上豆浆机机头，开始打浆，待豆浆机运转约15分钟，即成豆浆。

5 将豆浆机断电，取下机头，滤取豆浆。

6 将滤好的豆浆倒入碗中即可。

金橘红豆浆

⏱ 17分钟 🍃 美容养颜

原料：金橘块20克，水发红豆50克

扫一扫看视频

做法

 1 将已浸泡8小时的红豆倒入碗中，加水洗净，沥水。

 2 把红豆和金橘块倒入豆浆机中，注水至水位线。

 3 盖上豆浆机机头，开始打浆，待豆浆机运转约15分钟，即成豆浆。

 4 将豆浆机断电，取下机头，滤取豆浆，倒入杯中即可。

扫一扫看视频

香蕉豆浆

⏱ 16分钟 🍚 开胃消食

原料： 香蕉30克，水发黄豆40克

做法

1 去皮的香蕉切成块，备用。

2 将已浸泡8小时的黄豆倒入碗中，注水洗净，沥水。

3 将香蕉、黄豆倒入豆浆机中，注水至水位线。

4 盖上豆浆机机头，开始打浆，待豆浆机运转约15分钟，即成豆浆。

烹饪小提示

香蕉有润滑肠道的作用，容易腹泻的人可以减少香蕉的用量。

5 将豆浆机断电，取下机头，滤取豆浆，倒入碗中即可。

香蕉草莓豆浆

⏱ 16分钟　🍴 开胃消食

扫一扫看视频

原料：草莓20克，香蕉20克，水发黄豆40克

做法

1 剥皮的香蕉切片；将已浸泡8小时的黄豆洗净，沥水。

2 将备好的香蕉、草莓、黄豆倒入豆浆机中，注水至水位线。

3 盖上豆浆机机头，开始打浆，待豆浆机运转约15分钟，即成豆浆。

4 将豆浆机断电，取下机头，滤取豆浆，倒入碗中即可。

扫一扫看视频

香蕉可可粉豆浆

16分钟　清热解毒

原料： 香蕉1根，可可粉20克，水发黄豆40克

做法

1 去皮的香蕉切块；将已浸泡8小时的黄豆洗净，沥水。

2 将黄豆倒入豆浆机中，加入香蕉、可可粉，注水至水位线。

3 盖上豆浆机机头，开始打浆，待豆浆机运转约15分钟，即成豆浆。

4 将豆浆机断电，取下机头，滤取豆浆，倒入碗中即可。

扫一扫看视频

清凉西瓜豆浆

🕐 16分钟　🥣 养心润肺

原料： 水发黄豆50克，西瓜肉50克

做法

1　将西瓜肉切小块。
2　把已浸泡8小时的黄豆倒入豆浆机中，放入西瓜，注水至水位线。
3　盖上豆浆机机头，开始打浆，待豆浆机运转约15分钟，即成豆浆。
4　将豆浆机断电，取下机头，滤取豆浆，倒入碗中即可。

扫一扫看视频

雪梨莲子豆浆

🕐 16分钟　🥣 养心润肺

原料： 莲子20克，雪梨40克，水发黄豆50克
调料： 白糖少许

做法

1　洗净的雪梨切块；将已浸泡8小时的黄豆倒入碗中，放入洗净的莲子。
2　加水洗净，沥水；把洗好的材料倒入豆浆机中，放入白糖，注水。
3　盖上豆浆机机头，开始打浆，待豆浆机运转约15分钟，即成豆浆。
4　将豆浆机断电，取下机头，滤取豆浆，倒入杯中即可。

扫一扫看视频

柠檬薏米豆浆

🕐 *16分钟* 🍲 开胃消食

原料: 薏米15克, 水发红豆50克, 柠檬少许

做法

1 将薏米放入碗中, 倒入已浸泡4小时的红豆, 注水洗净, 沥水。

2 将红豆、薏米、柠檬倒入豆浆机中, 注水至水位线。

3 盖上豆浆机机头, 选择"五谷"程序, 再选择"开始"键, 开始打浆。

4 待豆浆机运转约15分钟, 即成豆浆。

烹饪小提示

薏米可用开水泡半小时再打浆, 这样更易打碎。

5 将豆浆机断电, 取下机头, 滤取豆浆, 倒入碗中即可。

柠檬黄豆豆浆

⏱ 16分钟　　☁ 开胃消食

扫一扫看视频

原料：水发黄豆60克，柠檬30克

做法

1 将已浸泡8小时的黄豆倒入碗中，加水洗净，沥水。

2 将柠檬、黄豆放入豆浆机中，注水至水位线。

3 盖上豆浆机机头，开始打浆，待豆浆机运转约15分钟，即成豆浆。

4 将豆浆机断电，取下机头，滤取豆浆，倒入碗中即可。

扫一扫看视频

🕐 16分钟

🍽 开胃消食

葡萄干酸豆浆

原料： 水发黄豆40克，葡萄干少许

烹饪小提示

葡萄干应挑选粒大、壮实、柔糯的，嫩小、干瘪的葡萄干质量较次。

做法

1 将已浸泡8小时的黄豆倒入碗中，注水洗净。

2 把洗好的黄豆倒入滤网，沥干水分。

3 将备好的黄豆、葡萄干倒入豆浆机中，注水至水位线。

4 盖上豆浆机机头，开始打浆，待豆浆机运转约15分钟，即成豆浆。

5 将豆浆机断电，取下机头。

6 把煮好的豆浆倒入滤网，滤取豆浆，倒入杯中即可。

葡萄干柠檬豆浆

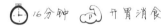 16分钟　 开胃消食

扫一扫看视频

原料：水发黄豆50克，葡萄干25克，柠檬片20克

做法

1 将已浸泡8小时的黄豆倒入豆浆机，放入备好的葡萄干、柠檬片，注水。

2 盖上豆浆机机头，开始打浆，待豆浆机运转约15分钟，即成豆浆。

3 将豆浆机断电，取下机头，滤取豆浆。

4 把滤好的豆浆倒入碗中，用汤匙撇去浮沫即可。

扫一扫看视频

橘柚豆浆

⏱ 16分钟　🍽 开胃消食

原料： 水发黄豆50克，柚子肉30克，橘子肉30克

做法

1 将已浸泡8小时的黄豆倒入碗中，注水洗净，沥水。

2 将橘子肉、柚子肉、黄豆倒入豆浆机中，注水至水位线。

3 盖上豆浆机机头，开始打浆，待豆浆机运转约15分钟，即成豆浆。

4 将豆浆机断电，取下机头，滤取豆浆，倒入杯中即可。

扫一扫看视频

苹果柠豆浆

🕐 16分钟 　😋 开胃消食

原料： 水发黄豆40克，苹果20克，柠檬片少许

做法

1 洗净的苹果切块；将已浸泡8小时的黄豆倒入碗中，注水洗净，沥水。

2 将备好的黄豆、苹果、柠檬片倒入豆浆机中，注水至水位线。

3 盖上豆浆机机头，开始打浆，待豆浆机运转约15分钟，即成豆浆。

4 将豆浆机断电，取下机头，滤取豆浆，倒入碗中即可。

扫一扫看视频

清香苹果豆浆

🕐 16分钟 　😋 开胃消食

原料： 苹果40克，水发黄豆50克

做法

1 洗净去皮的苹果切块；将已浸泡8小时的黄豆倒入碗中洗净，沥水。

2 将黄豆、苹果倒入豆浆机中，注水至水位线。

3 盖上豆浆机机头，开始打浆，待豆浆机运转约15分钟，即成豆浆。

4 将豆浆机断电，取下机头，滤取豆浆，倒入碗中即可。

扫一扫看视频

17分钟

养心润肺

苹果花生豆浆

原料： 花生米20克，水发黄豆45克，苹果70克

烹饪小提示

花生米的红衣营养价值较高，所以，打豆浆时花生可不用去除红衣。

做法

1 洗净去核的苹果切小块，备用。

2 将已浸泡8小时的黄豆倒入碗中，放入花生米，加水洗净。

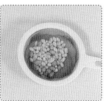
3 将洗好的材料倒入滤网，沥干水分。

4 把洗好的材料倒入豆浆机中，放入苹果块，注水至水位线。

5 盖上豆浆机机头，开始打浆，待豆浆机运转约15分钟，即成豆浆。

6 将豆浆机断电，取下机头，滤取豆浆，倒入杯中即可。

苹果香蕉豆浆

⏱ 16分钟　　🍵 增强免疫力

扫一扫看视频

原料： 苹果30克，香蕉20克，水发黄豆50克

做法

1 洗净的苹果切块；去皮的香蕉切片；将已浸泡8小时的黄豆倒入碗中洗净，沥水。

2 将备好的黄豆、苹果、香蕉倒入豆浆机中，注水至水位线。

3 盖上豆浆机机头，开始打浆，待豆浆机运转约15分钟，即成豆浆。

4 将豆浆机断电，取下机头，滤取豆浆，倒入碗中即可。

龙眼豆浆

⏱ 16分钟　益气补血

原料： 桂圆15克，水发黄豆50克

做法

1 洗好的桂圆切开，去皮，去核，取出果肉待用。

2 将已浸泡8小时的黄豆倒入碗中，注水洗净，沥水。

3 把桂圆肉、黄豆倒入豆浆机中，注水至水位线。

4 盖上豆浆机机头，开始打浆，待豆浆机运转约15分钟，即成豆浆。

烹饪小提示

桂圆肉可以切得深一点儿，这样会更便于去皮、去核。

5 将豆浆机断电，取下机头，滤取豆浆，倒入碗中即可。

桂圆糯米豆浆

🕐 17分钟　🥣 开胃消食

原料： 水发黄豆50克，桂圆肉、糯米各15克
调料： 白糖10克

做法

1 将已浸泡4小时的糯米、浸泡8小时的黄豆倒入碗中，加水洗净，沥水。

2 把洗好的黄豆、糯米、桂圆肉倒入豆浆机中，注水至水位线。

3 盖上豆浆机机头，开始打浆，待豆浆机运转约15分钟，即成豆浆。

4 将豆浆机断电，取下机头，滤取豆浆，倒入杯中，加糖，拌匀即可。

花草豆浆

香气柔和的桂花、淡然朴素的菊花、芳香透达的金银花、清香四溢的茉莉花、轻柔美丽的蒲公英、色泽鲜艳的玫瑰花、素雅飘香的荷叶，还有其他各种形形色色的花草，都拥有自己独特的韵味，而它们共同具备的兼容性，又使得它们在溶于豆浆的那一刻，被激发出了全新的味道。

扫一扫看视频

菊花雪梨黄豆浆

⏱ 17分钟　　🫘 清热解毒

原料： 雪梨块65克，水发黄豆55克，菊花10克

做法

1. 将已浸泡8小时的黄豆倒入碗中，加水洗净，沥水。
2. 把雪梨块、黄豆、菊花倒入豆浆机中，注水至水位线。
3. 盖上豆浆机机头，开始打浆，待豆浆机运转约15分钟，即成豆浆。
4. 将豆浆机断电，取下机头，滤取豆浆，倒入杯中即可。

扫一扫看视频

金银花豆浆

🕐 17分钟　　🍵 清热解毒

原料： 金银花10克，水发黄豆55克

做法

1 将已浸泡8小时的黄豆倒入碗中，加水洗净，沥水。

2 把洗好的黄豆、金银花倒入豆浆机中，注水至水位线。

3 盖上豆浆机机头，开始打浆，待豆浆机运转约15分钟，即成豆浆。

4 将豆浆机断电，取下机头，滤取豆浆，倒入碗中即可。

扫一扫看视频

茉莉花豆浆

🕐 17分钟　　🍵 清热解毒

原料： 水发黄豆55克，茉莉花10克
调料： 蜂蜜适量

做法

1 将已浸泡8小时的黄豆倒入碗中，加水洗净，沥水。

2 把洗好的黄豆倒入豆浆机中，倒入洗好的茉莉花，注水至水位线。

3 盖上豆浆机机头，开始打浆，待豆浆机运转约15分钟，即成豆浆。

4 将豆浆机断电，取下机头，滤取豆浆，倒入杯中，加蜂蜜拌匀即可。

扫一扫看视频

21分钟

增强免疫力

桂花甜豆浆

原料： 水发黄豆50克，桂花少许

烹饪小提示

桂花可先用温水浸泡，这样有利于其析出有效成分。

做法

1 取豆浆机，倒入泡好、洗净的桂花、黄豆，注水至水位线。

2 盖上豆浆机机头，选择"五谷"程序，再选择"开始"键。

3 待豆浆机运转约20分钟，即成豆浆。

4 断电后取下机头，把豆浆倒入滤网中，滤取豆浆。

5 把豆浆倒入碗中。

6 待放凉后即可饮用。

菊花枸杞豆浆

🕐 21分钟 ☁ 降低血压

扫一扫看视频

原料：水发黄豆100克，菊花、枸杞各少许

做法

1 将已浸泡8小时的黄豆放入碗中，注水洗净，沥水。

2 取豆浆机，倒入备好的黄豆、菊花、枸杞，注水至水位线。

3 盖上豆浆机机头，开始打浆，待豆浆机运转约20分钟，即成豆浆。

4 断电后取下豆浆机机头，滤取豆浆，倒入碗中即可。

扫一扫看视频

⏰ 17分钟

☁ 美容养颜

茉莉绿茶豆浆

原料： 水发黄豆50克，茉莉花15克，绿茶叶8克

烹饪小提示

茉莉花有轻微的苦味，可放入适量冰糖，改善口感。

做法

1 将已浸泡8小时的黄豆倒入碗中，加水洗净。

2 将洗好的黄豆倒入滤网，沥干水分。

3 把绿茶叶、茉莉花、黄豆倒入豆浆机中，注水至水位线。

4 盖上豆浆机机头，开始打浆，待豆浆机运转约15分钟，即成豆浆。

5 将豆浆机断电，取下机头，把煮好的豆浆倒入滤网，用汤匙搅拌，滤取豆浆。

6 将豆浆倒入碗中，待稍微放凉后即可饮用。

蒲公英绿豆豆浆

扫一扫看视频

🕐 21分钟　　清热解毒

原料： 小米20克，蒲公英5克，水发绿豆40克
调料： 蜂蜜适量

做法

 1 将已浸泡6小时的绿豆倒入碗中，放入小米，注水洗净。

 2 将洗净的小米、绿豆、蒲公英倒入豆浆机中，注水至水位线。

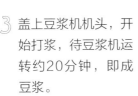 3 盖上豆浆机机头，开始打浆，待豆浆机运转约20分钟，即成豆浆。

 4 将豆浆机断电，取下机头，滤取豆浆，倒入碗中，加蜂蜜，拌匀即可。

蒲公英大米绿豆浆

🕐 21分钟　　🍃 保护视力

原料： 水发绿豆60克，水发大米20克，蒲公英10克

调料： 蜂蜜适量

扫一扫看视频

做法

1 将已浸泡6小时的绿豆倒入碗中，再放入已浸泡4小时的大米，加水洗净。

3 把洗好的绿豆和大米倒入豆浆机中，放入蒲公英，注水至水位线。

烹饪小提示

过滤豆浆时动作要慢，以防豆浆溢出。

2 将洗好的材料倒入滤网，沥干水分。

4 盖上豆浆机机头，开始打浆，待豆浆机运转约20分钟，即成豆浆。

5 将豆浆机断电，取下机头，滤取豆浆，倒入碗中，倒入蜂蜜，拌匀即可。

玫瑰花豆浆

⏱ 16分钟　☁ 美容养颜

扫一扫看视频

原料：水发黄豆60克，玫瑰花3克

做法

1 将已浸泡8小时的黄豆倒入碗中，加水洗净，沥水。

2 把玫瑰花、黄豆倒入豆浆机中，注水至水位线。

3 盖上豆浆机机头，开始打浆，待豆浆机运转约15分钟，即成豆浆。

4 将豆浆机断电，取下机头，滤取豆浆，倒入杯中即可。

扫一扫看视频

玫瑰红豆豆浆

⏱ 16分钟　☁ 清热解毒

原料：玫瑰花5克，水发红豆45克

做法

1 将已浸泡6小时的红豆倒入碗中，注水洗净，沥水。

2 把洗净的红豆倒入豆浆机中，倒入洗好的玫瑰花，注水至水位线。

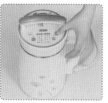

3 盖上豆浆机机头，开始打浆，待豆浆机运转约15分钟，即成豆浆。

4 将豆浆机断电，取下机头，滤取豆浆，倒入碗中即可。

玫瑰薏米豆浆

🕐 21分钟　☁ 清热解毒

原料：水发黄豆45克，薏米40克，玫瑰花7克

做法

1. 将已浸泡8小时的黄豆倒入碗中，放入薏米，加水洗净，沥水。
2. 把洗好的材料倒入豆浆机中，放入洗好的玫瑰花，注水至水位线。
3. 盖上豆浆机机头，开始打浆，待豆浆机运转约20分钟，即成豆浆。
4. 将豆浆机断电，取下机头，滤取豆浆，倒入碗中即可。

荷叶豆浆

🕐 16分钟　☁ 增强记忆力

原料：荷叶7克，水发黄豆55克

做法

1. 将已浸泡8小时的黄豆倒入碗中，加水洗净，沥水。
2. 把备好的黄豆、荷叶倒入豆浆机中，注水至水位线。
3. 盖上豆浆机机头，开始打浆，待豆浆机运转约15分钟，即成豆浆。
4. 将豆浆机断电，取下机头，滤取豆浆，倒入碗中即可。

扫一扫看视频

混搭豆浆

混搭豆浆，是的，你没有看错，接下来要教大家做的便是由海鲜、蔬果、香草等交杂在一起制成的另类豆浆，如果你认为只有煎炸蒸煮炖才可以使做法花样百出、食材跨界交融，那么你就着实小看料理者那颗永远追求新意的心了。

扫一扫看视频

绿豆海带无花果豆浆

⏱ *16分钟*   ☁ *增强免疫力*

原料： 水发海带10克，无花果5克，水发绿豆50克

做法

1 将已浸泡4小时的绿豆倒入碗中，注水洗净，沥水。

2 将备好的绿豆、海带、无花果倒入豆浆机中，注水至水位线。

3 盖上豆浆机机头，开始打浆，待豆浆机运转约15分钟，即成豆浆。

4 将豆浆机断电，取下机头，滤取豆浆，倒入杯中即可。

绿豆西芹豆浆

⏱ 16分钟　🥣 瘦身排毒

原料： 西芹30克，水发绿豆50克
调料： 冰糖10克

做法

1 洗净的西芹切小块。

2 把泡好的绿豆倒入豆浆机中，放入切好的西芹，加水至水位线。

3 盖上豆浆机机头，开始打浆，约15分钟，即成豆浆。

4 将豆浆机断电，取下机头，把煮好的豆浆倒入碗中，用汤匙撇去浮沫即可。

绿豆苦瓜豆浆

⏱ 16分钟　🥣 增强免疫力

原料： 水发绿豆55克，苦瓜30克

做法

1 洗净的苦瓜切块；将已浸泡6小时的绿豆倒入碗中洗净，沥水。

2 把绿豆倒入豆浆机中，放入苦瓜，注水至水位线。

3 盖上豆浆机机头，开始打浆，待豆浆机运转约15分钟，即成豆浆。

4 将豆浆机断电，取下机头，滤取豆浆，倒入碗中即可。

海带豆浆

🕐 21分钟　🍲 增强免疫力

原料： 海带50克，水发黄豆55克

做法

1 洗好的海带切条，再切成碎片。

2 将已浸泡8小时的黄豆倒入碗中，加水洗净，沥水。

3 把海带、黄豆倒入豆浆机中，注水至水位线。

4 盖上豆浆机机头，开始打浆，待豆浆机运转约20分钟，即成豆浆。

烹饪小提示

将海带切得碎一些，可以节省打豆浆的时间。

5 将豆浆机断电，取下机头，滤取豆浆，倒入碗中即可。

绿豆海带豆浆

🕐 16分钟　　🍠 瘦身排毒

扫一扫看视频

原料：水发海带30克，水发绿豆40克，水发黄豆40克

做法

1 洗净的海带切块；浸泡6小时的绿豆倒入碗中；浸泡8小时的黄豆洗净，沥水。

2 将备好的绿豆、黄豆、海带倒入豆浆机中，注水至水位线。

3 盖上豆浆机机头，开始打浆，待豆浆机运转约15分钟，即成豆浆。

4 将豆浆机断电，取下机头，滤取豆浆，倒入杯中即可。

⏱ 22分钟

🫃 开胃消食

薄荷大米二豆浆

原料： 水发黄豆60克，水发绿豆50克，水发大米20克，新鲜薄荷叶适量

调料： 冰糖120克

烹饪小提示

大量食用薄荷会导致失眠，而适量食用却有助于睡眠，所以，切忌食用过量，适量即可。

做法

1 在碗中倒入已浸泡6小时的绿豆、已浸泡8小时的黄豆、已浸泡4小时的大米。

2 加水洗净，把洗好的食材倒入滤网，沥干水分。

3 将备好的薄荷叶、冰糖放入豆浆机中，再倒入洗好的食材，注水至水位线。

4 盖上豆浆机机头，开始打浆，待豆浆机运转约20分钟，即成豆浆。

5 将豆浆机断电，取下机头，把煮好的豆浆倒入滤网，用汤匙搅拌，滤取豆浆。

6 把滤好的豆浆倒入碗中，待稍微放凉后即可饮用。

薄荷绿豆豆浆

 17分钟　 开胃消食

扫一扫看视频

原料： 水发黄豆50克，水发绿豆50克，新鲜薄荷叶适量
调料： 冰糖适量

做法

1　在碗中倒入已浸泡6小时的绿豆，放入已浸泡8小时的黄豆，加水洗净，沥水。

2　将洗好的食材倒入豆浆机内，放入备好的薄荷叶、冰糖，注水至水位线。

3　盖上豆浆机机头，开始打浆，待豆浆机运转约15分钟，即成豆浆。

4　将豆浆机断电，取下机头，滤取豆浆，把滤好的豆浆倒入碗中即可。

黄绿豆绿茶豆浆

⏰ 16分钟　🫘 降低血压

原料： 水发黄豆60克，水发绿豆70克，绿茶叶8克
调料： 冰糖40克

扫一扫看视频

做法

1 将已浸泡8小时的黄豆、浸泡4小时的绿豆倒入碗中，加水洗净。

3 将黄豆、绿豆、茶叶倒入豆浆机，放入冰糖，注水至水位线。

烹饪小提示

浸泡绿豆时不宜用温水，否则容易发芽。

2 把洗好的材料倒入滤网，沥干水分。

4 盖上豆浆机机头，开始打浆，待豆浆机运转约15分钟，即成豆浆。

5 将豆浆机断电，取下机头，滤取豆浆，倒入碗中即可。

姜汁豆浆

⏱ *16分钟*　☁ *清热解毒*

扫一扫看视频

原料： 生姜片25克，水发黄豆60克
调料： 白糖少许

做法

1 将已浸泡8小时的黄豆倒入碗中，加水洗净，沥水。

2 把洗好的黄豆倒入豆浆机中，倒入姜片，加白糖，注水至水位线。

3 盖上豆浆机机头，开始打浆，待豆浆机运转约15分钟，即成豆浆。

4 将豆浆机断电，取下机头，滤取豆浆，倒入碗中即可。

扫一扫看视频

姜汁黑豆豆浆

 16分钟 益气补血

原料： 姜汁30毫升，水发黑豆45克

做法

1 把姜汁倒入豆浆机中，倒入洗净的黑豆，注水至水位线。

2 盖上豆浆机机头，开始打浆，约15分钟，即成豆浆。

3 将豆浆机断电，取下机头，把煮好的豆浆倒入滤网，滤取豆浆。

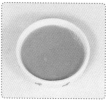
4 倒入碗中，用汤匙撇去浮沫即可。

扫一扫看视频

黄豆桑叶黑米豆浆

⏱ 16分钟　🍽 益气补血

原料： 干桑叶5克，水发黑米30克，水发黄豆50克

做法

1　在碗中倒入已浸泡8小时的黄豆，放入已浸泡4小时的黑米，注水洗净，沥水。

2　将洗净的食材倒入豆浆机中，再加入洗好的干桑叶，注水至水位线。

3　盖上豆浆机机头，开始打浆，待豆浆机运转约15分钟，即成豆浆。

4　将豆浆机断电，取下机头，滤取豆浆，倒入杯中即可。

扫一扫看视频

蛋黄紫菜豆浆

⏱ 16分钟　🍽 增强免疫力

原料： 熟蛋黄40克，紫菜5克，水发黄豆50克

做法

1　将已浸泡8小时的黄豆倒入碗中，注水洗净，沥水。

2　把紫菜、熟蛋黄、黄豆倒入豆浆机中，注水至水位线。

3　盖上豆浆机机头，开始打浆，待豆浆机运转约15分钟，即成豆浆。

4　将豆浆机断电，取下机头，滤取豆浆，倒入碗中即可。

扫一扫看视频

 16分钟

养心润肺

虾皮紫菜豆浆

原料： 水发黄豆40克，紫菜、虾皮各少许
调料： 盐少许

烹饪小提示

虾皮有淡淡的腥味，可以先用温水泡一下再使用，口感会更好。

做法

1 将已浸泡8小时的黄豆倒入碗中，注水洗净。

2 把洗好的食材倒入滤网，沥干水分。

3 将备好的虾皮、黄豆、紫菜倒入豆浆机中，注水至水位线。

4 盖上豆浆机机头，开始打浆，待豆浆机运转约15分钟，即成豆浆。

5 将豆浆机断电，取下机头，滤取豆浆。

6 将滤好的豆浆倒入碗中，加入少许盐，搅匀即可。

虾米西芹豆浆

 15分钟 降低血压

扫一扫看视频

原料： 虾米8克，西芹30克，水发黑豆50克

做法

1 洗净的西芹切小段，备用。

2 把备好的西芹、虾米倒入豆浆机中，倒入泡发、洗好的黑豆，注水至水位线。

3 盖上豆浆机机头，开始打浆，待豆浆机运转约15分钟，即成豆浆。

4 将豆浆机断电，取下机头，滤取豆浆，倒入杯中即可。

鸡茸菠菜豆浆

🕐 21分钟　　🐷 益气补血

原料： 鸡肉末35克，菠菜段30克，水发黑豆50克

做法

1 把备好的鸡肉末、菠菜段倒入豆浆机中。

2 放入泡发、洗净的黑豆，注水至水位线。

3 盖上豆浆机机头，选择"五谷"程序，再选择"开始"键，开始打浆。

4 待豆浆机运转约20分钟，即成豆浆。

烹饪小提示

将鸡肉切得碎一些，可以节省打浆时间。

5 将豆浆机断电，取下机头，滤取豆浆，倒入杯中即可。

西蓝花番茄豆浆

⏱ 15分钟 🥣 增强免疫力

扫一扫看视频

原料：西蓝花55克，西红柿70克，水发黄豆50克

做法

1 洗净的西红柿切丁；洗好的西蓝花切朵。

2 把西红柿倒入豆浆机中，放入西蓝花；倒入泡发、洗净的黄豆；注水至水位线。

3 盖上豆浆机机头，开始打浆；待豆浆机运转约15分钟，即成豆浆。

4 将豆浆机断电，取下机头，滤取豆浆；倒入碗中即可。

扫一扫看视频

木耳胡萝卜豆浆

🕐 15分钟　　🍽 保护视力

原料： 胡萝卜60克，水发黑木耳30克，水发黄豆45克
调料： 蜂蜜少许

做法

1 洗净的胡萝卜切块，备用。

2 把胡萝卜倒入豆浆机中，放入泡发、洗净的黄豆，放入泡发、洗好的黑木耳，注水。

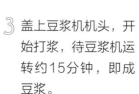

3 盖上豆浆机机头，开始打浆，待豆浆机运转约15分钟，即成豆浆。

4 将豆浆机断电，取下机头，滤取豆浆，倒入杯中即可。

扫一扫看视频

番石榴油菜豆浆

🕐 35分钟　😊 降低血糖

原料：番石榴50克，上海青50克，水发黄豆50克

做法

1. 洗净的番石榴切块；洗好的上海青切段。
2. 取豆浆机，放入备好的番石榴、上海青、泡发好的黄豆，注水至水位线。
3. 盖上豆浆机机头，开始打浆，待豆浆机运转约35分钟，即成豆浆。
4. 断电后取下机头，滤取豆浆，倒入碗中即可。

扫一扫看视频

百合马蹄梨豆浆

🕐 20分钟　😊 养心润肺

原料：水发黄豆50克，百合10克，雪梨1个，马蹄20克

调料：白糖适量

做法

1. 洗净去皮的马蹄切块；洗好的雪梨切块。
2. 将已浸泡8小时的黄豆装入碗中洗净，沥水；将所有材料倒入豆浆机，注水。
3. 盖上豆浆机机头，开始打浆，待豆浆机运转约20分钟，即成豆浆。
4. 将豆浆机断电，取下机头，滤取豆浆，倒入碗中，撒上白糖，拌匀即可。

扫一扫看视频

枸杞开心果豆浆

17分钟　增强免疫力

原料：枸杞10克，开心果8克，水发黄豆50克
调料：白糖适量

做法

1 将已浸泡8小时的黄豆倒入碗中，加水洗净。

2 将洗好的黄豆倒入滤网，沥干水分。

3 把洗好的黄豆倒入豆浆机，放入洗好的枸杞、开心果，加入白糖，注水。

4 盖上豆浆机机头，开始打浆，待豆浆机运转约15分钟，即成豆浆。

5 将豆浆机断电，取下机头，滤取豆浆，倒入杯中即可。

烹饪小提示

开心果去壳后浸泡一会儿，更易打成浆。

荷叶小米黑豆豆浆

 21分钟　清热解毒

扫一扫看视频

原料： 荷叶8克，小米35克，水发黑豆55克

做法

1 将小米倒入碗中，放入已浸泡8小时的黄豆，加水洗净。

2 把备好的荷叶、小米、黑豆倒入豆浆机中，注水至水位线。

3 盖上豆浆机机头，开始打浆，待豆浆机运转约20分钟，即成豆浆。

4 将豆浆机断电，取下机头，滤取豆浆，倒入碗中即可。

扫一扫看视频

⏱ 17分钟

🧠 益智健脑

油条甜豆浆

原料： 水发黄豆45克，榨菜30克，油条1根
调料： 白糖适量

烹饪小提示

切记白糖不要加得太多，以免掩盖掉榨菜的味道，从而影响豆浆的整体风味。

做法

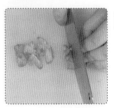
1 将榨菜切成粒；把油条切块，装入盘中。

2 将浸泡8小时的黄豆倒入豆浆机中，注水至水位线。

3 盖上豆浆机机头，开始打浆，待豆浆机运转约15分钟，即成豆浆。

4 将豆浆机断电，取下机头，把煮好的豆浆倒入滤网，滤取豆浆。

5 把滤好的豆浆倒入碗中，加入适量白糖，用汤匙搅拌均匀。

6 在碗中加入备好的榨菜、油条，待稍微放凉后即可食用。

PART 04 养生豆浆，让你远离医药赢健康

　　工作再忙碌，学业再紧张，也请你们一定要记住"身体是革命的本钱"，健康的身心无疑是高效率的保障，所以希望大家能够腾出一些时间多爱自己一点，不要等到生病了，才意识到健康的重要性。请不要让"养生"这个词，仅仅成为一个口号。每一个人都应该实实在在地行动起来，或许，你可以从清晨的第一杯豆浆开始。

养心润肺

中医说肺为娇脏，犹如一位敏感而柔弱的女子，不易补而易伤。而心就像一个阳刚而又充满活力的男子，养心以润肺就好比通过养心使他更为强壮，从而更好地去呵护、疼爱肺部这位娇柔的"女子"。

扫一扫看视频

润肺豆浆

⏱ 21分钟　☁ 养心润肺

原料： 水发黑米40克，水发黑豆45克，核桃仁、杏仁各15克，黑芝麻30克
调料： 冰糖少许

做法

1. 将已浸泡8小时的黑豆倒入碗中，放入泡发、洗好的黑米、黑芝麻洗净，沥水。
2. 把洗好的食材倒入豆浆机，放入洗好的杏仁、核桃仁，加入冰糖，注水。
3. 盖上豆浆机机头，开始打浆，待豆浆机运转约20分钟，即成豆浆。
4. 将豆浆机断电，取下机头，滤取豆浆，倒入杯中即可。

扫一扫看视频

桂圆花生红豆豆浆

🕐 *16分钟* 🍃 *养心润肺*

原料：花生米25克，桂圆肉15克，水发红豆40克

做法

1 把洗好的桂圆肉、花生米倒入豆浆机中，倒入泡发好、洗净的红豆，注水。

2 盖上豆浆机机头，选择"五谷"程序，再选择"开始"键，开始打浆。

3 待豆浆机运转约15分钟，即成豆浆。

4 将豆浆机断电，取下机头，滤取豆浆，倒入碗中即可。

扫一扫看视频

绿豆红薯豆浆

🕐 *16分钟* 🍃 *养心润肺*

原料：水发绿豆50克，红薯40克

做法

1 洗净去皮的红薯切块；将已浸泡8小时的绿豆倒入碗中洗净，沥水。

2 把洗好的绿豆倒入豆浆机中，放入红薯，注水至水位线。

3 盖上豆浆机机头，开始打浆，待豆浆机运转约15分钟，即成豆浆。

4 将豆浆机断电，取下机头，滤取豆浆，倒入杯中即可。

扫一扫看视频

21分钟

养心润肺

干果养心豆浆

原料： 水发黄豆60克，榛子仁、开心果、松子仁各20克

烹饪小提示

存放时间过长的松子会产生异味，不宜食用。散装的松子最好放在密封的容器里，以防油脂氧化变质。

做法

1 将备好的松子仁、榛子仁倒入豆浆机中，放入开心果。

2 把泡发、洗好的黄豆倒入豆浆机中，加水至水位线。

3 盖上豆浆机机头，选择"五谷"程序，再选择"开始"键，开始打浆。

4 待豆浆机运转约20分钟，即成豆浆。

5 将豆浆机断电，取下机头，把煮好的豆浆倒入滤网，滤取豆浆。

6 将滤好的豆浆倒入碗中，用汤匙撇去浮沫即可。

冰糖雪梨豆浆

⏱ 16分钟　☁ 养心润肺

扫一扫看视频

原料：雪梨30克，水发黄豆50克，冰糖适量

做法

1 洗净的雪梨切开块；将已浸泡8小时的黄豆倒入碗中洗净，沥水。

2 把黄豆、冰糖、雪梨倒入豆浆机中，注水至水位线。

3 盖上豆浆机机头，开始打浆，待豆浆机运转约15分钟，即成豆浆。

4 将豆浆机断电，取下机头，滤取豆浆，倒入碗中即可。

黑豆雪梨大米豆浆

🕐 21分钟　🫁 养心润肺

原料： 水发黑豆100克，雪梨块120克，水发大米100克

做法

1 将浸泡8小时的黑豆、浸泡4小时的大米倒入碗中，注水洗净。

2 把洗好的黑豆、大米倒入滤网，沥干水分，待用。

3 将备好的雪梨、黑豆、大米倒入豆浆机中，注水至水位线。

4 盖上豆浆机机头，开始打浆，待豆浆机运转约20分钟，即成豆浆。

烹饪小提示

梨块切得小一点儿，可减少煮的时间。

5 断电后取下豆浆机机头，滤取豆浆，倒入杯中即可。

莲子花生豆浆

扫一扫看视频

⏱ 8分钟　☁ 降低血压

原料： 水发莲子80克，水发花生75克，水发黄豆120克
调料： 白糖20克

做法

1 取榨汁机，倒入泡发洗净的黄豆，加水，榨取黄豆汁，滤入碗中。

2 把洗好的花生、莲子装入搅拌杯中，加水，榨成汁，倒入碗中。

3 将榨好的汁倒入砂锅中，盖上盖，用大火煮约5分钟。

4 放入适量白糖，拌匀，煮至白糖溶化，盛出装碗即可。

清心竹叶米豆浆

⏱ 36分钟　🫁 养心润肺

原料：水发黄豆60克，水发大米40克，竹叶20克

做法

 1 取一个碗，放入泡发的黄豆、大米，注水洗净。

 2 把洗净的黄豆、大米倒入滤网中。

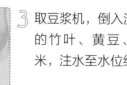 3 取豆浆机，倒入洗净的竹叶、黄豆、大米，注水至水位线。

 4 盖上豆浆机机头，选择"开始"键，待豆浆机运转约35分钟，即成豆浆。

烹饪小提示

竹叶先用温水泡发，这样更易搅碎。

 5 取下机头，把豆浆倒入滤网，滤取豆浆，倒入杯中即可。

牛奶黑芝麻豆浆

🕐 *16分钟* ☁ *养心润肺*

扫一扫看视频

原料： 牛奶30毫升，黑芝麻20克，水发黄豆50克

做法

1 将已浸泡8小时的黄豆倒入碗中，注水洗净，沥水。

2 把黄豆、牛奶、黑芝麻倒入豆浆机中，注水至水位线。

3 盖上豆浆机机头，开始打浆，待豆浆机运转约15分钟，即成豆浆。

4 将豆浆机断电，取下机头，滤取豆浆，倒入杯中即可。

保肝护肾

肾是先天之本，犹如水是生命之源，既可过滤血液中的杂质，又能维持体液和电解质的平衡。而在自然界中，森林草木是涵养水源的最佳途径，肝便是人体的支柱之木，负责全身气血的流通，所以若是想更好地护肾蓄水，自然得注重保肝养木。

扫一扫看视频

芝麻蜂蜜豆浆

🕐 16分钟　　保肝护肾

原料： 水发黄豆40克，黑芝麻5克
调料： 蜂蜜少许

做法

1. 将已浸泡8小时的黄豆倒入碗中，注水洗净，沥水。
2. 将黄豆、黑芝麻倒入豆浆机中，注水至水位线。
3. 盖上豆浆机机头，开始打浆，待豆浆机运转约15分钟，即成豆浆。
4. 将豆浆机断电，取下机头，滤取豆浆，倒入碗中，加入蜂蜜，拌匀即可。

扫一扫看视频

芝麻花生黑豆浆

⏱ *16分钟* 🍲 *保肝护肾*

原料： 水发黑豆40克，黑芝麻8克，花生米10克

做法

1 将花生米倒入碗中，放入已浸泡8小时的黑豆，注水洗净，沥水。

2 将黑豆、花生米、黑芝麻倒入豆浆机中，注水至水位线。

3 盖上豆浆机机头，开始打浆，待豆浆机运转约15分钟，即成豆浆。

4 将豆浆机断电，取下机头，滤取豆浆，倒入碗中即可。

扫一扫看视频

枸杞小米豆浆

⏱ *17分钟* 🍲 *保肝护肾*

原料： 枸杞20克，水发小米30克，水发黄豆40克

做法

1 将已浸泡8小时的黄豆倒入碗中，再放入已浸泡4小时的小米洗净，沥水。

2 把洗净的枸杞倒入豆浆机中，再放入洗好的黄豆和小米，注水至水位线。

3 盖上豆浆机机头，开始打浆，待豆浆机运转约15分钟，即成豆浆。

4 将豆浆机断电，取下机头，滤取豆浆，浆倒入碗中即可。

扫一扫看视频

21分钟

保肝护肾

益肝豆浆

原料：水发黄豆45克，黑豆35克，绿豆30克

烹饪小提示

黑豆因长时间浸泡而掉色是正常现象，但如果只是洗了一下就掉色，那黑豆就有可能是假的。

做法

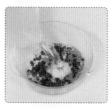

1 将已浸泡8小时的黄豆倒入碗中，放入绿豆、黑豆，加水洗净。

2 将洗好的材料倒入滤网，沥干水分。

3 把洗好的材料倒入豆浆机中，注水至水位线。

4 盖上豆浆机机头，选择"五谷"程序，再选择"开始"键，开始打浆。

5 待豆浆机运转约20分钟，即成豆浆。

6 将豆浆机断电，取下机头，滤取豆浆，倒入碗中，用汤匙撇去浮沫即可。

花式豆浆

🕐 *16分钟*　🍮 *保肝护肾*

扫一扫看视频

原料：玫瑰花7克，虾皮8克，紫菜10克，水发黄豆45克

做法

1 把洗好的玫瑰花倒入豆浆机中，放入泡好、洗净的黄豆，注水至水位线。

2 盖上豆浆机机头，开始打浆，待豆浆机运转约15分钟，即成豆浆。

3 将豆浆机断电，取下机头，滤取豆浆，倒入碗中。

4 撒入备好的虾皮、紫菜，拌匀即可。

扫一扫看视频

17分钟

保肝护肾

银耳山楂保肝豆浆

原料： 水发黄豆60克，鲜山楂25克，水发银耳50克

调料： 冰糖10克

烹饪小提示

清洗银耳时，可以先把银耳放入凉水中浸泡1～1.5小时，以便于彻底清除污物。

做法

1 洗好的山楂切块;将已浸泡8小时的黄豆洗净，沥水。

2 把切好的山楂倒入豆浆机中，放入洗净的黄豆。

3 倒入泡发、洗好的银耳，加入冰糖。

4 加入适量清水，至水位线即可。

5 盖上豆浆机机头，开始打浆，待豆浆机运转约15分钟，即成豆浆。

6 将豆浆机断电，取下机头，滤取豆浆，倒入杯中即可。

南瓜花生黄豆豆浆

⏱ *16分钟*　🫕 *保肝护肾*

扫一扫看视频

原料： 花生米15克，南瓜30克，水发黄豆50克

做法

1　洗净去皮的南瓜切片；将已浸泡8小时的黄豆倒入碗中洗净，沥水。

2　将备好的花生米、南瓜、黄豆倒入豆浆机中，注水至水位线。

3　盖上豆浆机机头，开始打浆，待豆浆机运转约15分钟，即成豆浆。

4　将豆浆机断电，取下机头，滤取豆浆，倒入杯中即可。

益智
健脑

伴随着城市化的推进，人们的生活节奏越来越快，相应的脑力劳动
也越来越多，在这样高强度的作业下，想必很多人都已感觉头昏脑
涨，试问，没有一个清醒的头脑，怎么可能快速有效地应对生活中
大大小小的事情呢，这样想来，益智健脑这一养生方法在生活中便
显得尤为重要了。

扫一扫看视频

醇香五味豆浆

🕐 17分钟　　🧠 益智健脑

原料：水发黄豆50克，黑芝麻、枸杞各15克，花生米25克，杏仁20克

做法

1　将黑芝麻、花生米、杏仁、枸杞倒入豆浆
机，放入已浸泡8小时的黄豆，注水。

2　盖上豆浆机机头，选择"五谷"程序，再选
择"开始"键，开始打浆。

3　待豆浆机运转约15分钟，即成豆浆。

4　将豆浆机断电，取下机头，滤取豆浆，倒入
碗中即可。

扫一扫看视频

核桃大米豆浆

🕐 17分钟　🍲 益智健脑

原料：水发黄豆、水发大米各30克，核桃仁10克

调料：冰糖10克

做法

1　将已浸泡4小时的大米、已浸泡8小时的黄豆倒入碗中，加水洗净，沥水。

2　把洗好的黄豆、大米、核桃仁倒入豆浆机中，加入冰糖，注水至水位线。

3　盖上豆浆机机头，开始打浆，待豆浆机运转约15分钟，即成豆浆。

4　将豆浆机断电，取下机头，滤取豆浆，倒入杯中即可。

扫一扫看视频

枸杞豆浆

🕐 17分钟　🍲 益智健脑

原料：枸杞30克，水发黄豆50克

调料：白砂糖适量

做法

1　将洗净的枸杞倒入豆浆机中，放入泡发好、洗净的黄豆，加入适量白砂糖注水至水位线。

2　盖上豆浆机机头，选择"五谷"程序，再选择"开始"键，开始打浆。

3　待豆浆机运转约15分钟，即成豆浆。

4　将豆浆机断电，取下机头，滤取豆浆，倒入杯中即可。

蜂蜜核桃豆浆

⏱ 18分钟　🧠 益智健脑

原料： 水发黄豆60克，核桃仁10克

调料： 白糖、蜂蜜各适量

扫一扫看视频

做法

1 把已浸泡8小时的黄豆、核桃仁倒入豆浆机中，注水至水位线，加入蜂蜜。

2 盖上豆浆机机头，选择"五谷"程序，再选择"开始"键，开始打浆。

3 待豆浆机运转约15分钟，即成豆浆。

4 将豆浆机断电，取下机头，滤取豆浆，将豆浆倒入杯中。

烹饪小提示

5 放入适量白糖，搅拌均匀至其溶化即可。

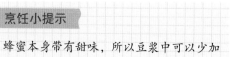
蜂蜜本身带有甜味，所以豆浆中可以少加白糖。

薄荷蜂蜜豆浆

 17分钟　 益智健脑

扫一扫看视频

原料： 水发黄豆80克，薄荷5克
调料： 蜂蜜10克

做法

1 将已浸泡8小时的黄豆倒入碗中，加水洗净，沥水。

2 把备好的薄荷、黄豆倒入豆浆机中，注水至水位线。

3 盖上豆浆机机头，开始打浆，待豆浆机运转约15分钟，即成豆浆。

4 将豆浆机断电，取下机头，滤取豆浆，倒入碗中，加入蜂蜜，拌匀即可。

南瓜枸杞燕麦豆浆

🕐 21分钟　　🧠 益智健脑

原料： 南瓜80克，枸杞15克，水发黄豆45克，燕麦40克
调料： 冰糖适量

做法

1 洗净去皮的的南瓜切块。

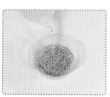

2 将已浸泡8小时的黄豆倒入碗中，放入洗好的燕麦，加水洗净，沥水。

3 把食材倒入豆浆机中，放入南瓜、枸杞、冰糖，注水至水位线。

4 盖上豆浆机机头，开始打浆，待豆浆机运转约20分钟，即成豆浆。

烹饪小提示

南瓜瓜瓤要刮除干净，以减少豆浆杂质。

5 将豆浆机断电，取下机头，滤取豆浆，倒入碗中即可。

红枣枸杞豆浆

🕐 16分钟　🧠 益智健脑

扫一扫看视频

原料：水发黄豆50克，红枣5克，枸杞5克

做法

1 将已浸泡8小时的黄豆倒入碗中，注水洗净，沥水。

2 将备好的枸杞、红枣、黄豆倒入豆浆机中，注水至水位线。

3 盖上豆浆机机头，开始打浆，待豆浆机运转约15分钟，即成豆浆。

4 将豆浆机断电，取下机头，滤取豆浆，倒入杯中即可。

扫一扫看视频

25分钟

益智健脑

黑豆三香豆浆

原料：花生米30克，核桃仁20克，水发黑豆60克，水发黄豆60克，黑芝麻20克

烹饪小提示

核桃仁可以先干炒一会儿再打浆，这样能增加豆浆的香味。

做法

1 将已浸泡8小时的黄豆倒入碗中，加入泡发好的黑豆、花生米、核桃仁、黑芝麻。

2 倒入适量清水，用手搓洗干净，沥干水分。

3 把洗好的材料倒入豆浆机中，注水至水位线。

4 盖上豆浆机机头，开始打浆。待豆浆机运转约20分钟，即成豆浆。

5 将豆浆机断电，取下机头，把煮好的豆浆倒入滤网，滤取豆浆。

6 倒入杯中，用汤匙捞去浮沫即可。

黄豆黄芪大米豆浆

⏱ 16分钟　🧠 益智健脑

扫一扫看视频

原料：水发黄豆60克，黄芪8克，水发大米50克

做法

1 将发好的黄豆、发好的大米倒入碗中，加水洗净，沥水。

2 把黄豆、大米倒入豆浆机中，加入洗净的黄芪，注水至水位线。

3 盖上豆浆机机头，开始打浆，待豆浆机运转约15分钟，即成豆浆。

4 将豆浆机断电，取下机头，滤取豆浆，倒入碗中即可。

开胃
消食

"不想吃，没胃口"，想必每个人都说过这句话，或许是因为食物不够美味，所以不能勾起食欲；或许是因为消化不良，所以无法产生饿的感觉；或许是因为遇事不顺，所以没有心情吃东西。不管是出于何种原因，不按时吃饭总归不利于身体健康，所以，当你遇到这些问题的时候，不妨先榨杯开胃消食的豆浆吧！

扫一扫看视频

荞麦山楂豆浆

⏱ 16分钟　　🍐 开胃消食

原料：水发黄豆60克，荞麦10克，鲜山楂30克

做法

1　洗净的山楂切块；将已浸泡8小时的黄豆、荞麦洗净，沥水。

2　将山楂、黄豆、荞麦倒入豆浆机中，注水至水位线。

3　盖上豆浆机机头，开始打浆，待豆浆机运转约15分钟，即成豆浆。

4　将豆浆机断电，取下机头，滤取豆浆，倒入杯中即可。

扫一扫看视频

陈皮山楂豆浆

🕐 22分钟　☁️ 开胃消食

原料： 水发黄豆40克，水发大米45克，陈皮7克，山楂8克

调料： 冰糖适量

做法

1　将已浸泡8小时的黄豆倒入碗中，放入泡发好的大米、陈皮、山楂洗净，沥水。

2　把洗好的材料倒入豆浆机中，注水至水位线。

3　盖上豆浆机机头，开始打浆，待豆浆机运转约20分钟，即成豆浆。

4　将豆浆机断电，取下机头，滤取豆浆，倒入碗中，加入冰糖，拌匀即可。

扫一扫看视频

甘润莲香豆浆

🕐 17分钟　☁️ 开胃消食

原料： 水发黄豆60克，莲子25克

调料： 冰糖20克

做法

1　将已浸泡8小时的黄豆倒入碗中，放入莲子，加水洗净，沥水。

2　把洗好的黄豆、莲子倒入豆浆机中，加入冰糖，注水至水位线。

3　盖上豆浆机机头，开始打浆，待豆浆机运转约15分钟，即成豆浆。

4　将豆浆机断电，取下机头，滤取豆浆，倒入杯中即可。

扫一扫看视频

⏱ 16分钟

💪 开胃消食

蜜枣山药豆浆

原料： 蜜枣20克，山药55克，水发黄豆50克

烹饪小提示

打浆前，可以先把蜜枣去核切成小块，以节省打浆的时间。

做法

1　洗净去皮的山药切厚块，再切块，备用。

2　把蜜枣、山药倒入豆浆机中，倒入泡发、洗好的黄豆，注水至水位线。

3　盖上豆浆机机头，选择"五谷"程序，再选择"开始"键，开始打浆。

4　待豆浆机运转约15分钟，即成豆浆。

5　将豆浆机断电，取下机头，把煮好的豆浆倒入滤网，滤取豆浆。

6　倒入杯中，用汤匙撇去浮沫即可。

180

茯苓豆浆

🕐 *16分钟* 🍲 *开胃消食*

扫一扫看视频

原料：水发黄豆60克，茯苓5克

做法

1 将已浸泡8小时的黄豆倒入碗中，注水洗净，沥水。

2 将备好的黄豆、茯苓倒入豆浆机中，注水至水位线。

3 盖上豆浆机机头，开始打浆，待豆浆机运转约15分钟，即成豆浆。

4 将豆浆机断电，取下机头，滤取豆浆，倒入杯中即可。

茯苓米香豆浆

🕐 21分钟　　🍲 开胃消食

原料：水发黄豆50克，茯苓4克，水发大米少许

做法

1 将已浸泡8小时的黄豆倒入碗中，再加入已浸泡4小时的大米洗净，沥水。

2 将备好的黄豆、大米、茯苓倒入豆浆机中，注水至水位线。

3 盖上豆浆机机头，开始打浆，待豆浆机运转约20分钟，即成豆浆。

4 将豆浆机断电，取下机头，滤取豆浆，倒入碗中即可。

补虚饴糖豆浆

🕐 16分钟　😋 开胃消食

原料：水发黄豆40克，饴糖少许

做法

1　将已浸泡8小时的黄豆倒入碗中，注水洗净，沥水。

2　将黄豆倒入豆浆机中，注水至水位线，放入备好的饴糖。

3　盖上豆浆机机头，开始打浆，待豆浆机运转约15分钟，即成豆浆。

4　将豆浆机断电，取下机头，滤取豆浆，倒入碗中即可。

清爽开胃豆浆

🕐 16分钟　😋 开胃消食

原料：水发黄豆40克，鲜山楂15克

做法

1　洗净的山楂切块；将已浸泡8小时的黄豆洗净，沥水。

2　将备好的山楂、黄豆倒入豆浆机中，注水至水位线。

3　盖上豆浆机机头，开始打浆，待豆浆机运转约15分钟，即成豆浆。

4　将豆浆机断电，取下机头，滤取豆浆，倒入碗中。

扫一扫看视频

浑身乏力没精神，面色蜡黄无光彩，如果你出现这些症状，就说明你需要益气补血了。很多人一听需要进补，就连忙往药店里跑，然后西洋参啦，党参啦，大包小包提回家，药材虽好，但中国不是有句古话叫"是药三分毒"嘛，所以，我建议大家还是采用食疗，更有效。下面推荐的几款豆浆效果就不错，而且纯天然、无公害。

扫一扫看视频

玉米枸杞豆浆

⏱ 17分钟　☁ 益气补血

原料： 水发黄豆45克，玉米粒35克，枸杞8克

做法

1. 把已浸泡8小时的黄豆倒入豆浆机中，放入洗好的玉米粒、枸杞，注水。
2. 盖上豆浆机机头，开始打浆，待豆浆机运转约15分钟，即成豆浆。
3. 将豆浆机断电，取下机头，滤取豆浆。
4. 倒入碗中，用汤匙撇去浮沫，待稍微放凉后即可饮用。

扫一扫看视频

红枣糯米黑豆豆浆

🕐 21分钟　　🍚 益气补血

原料：糯米20克，红枣5克，水发黑豆50克

做法

1　将洗净的红枣切块；将已浸泡8小时的黑豆倒入碗中，放入糯米洗净，沥水。

2　将备好的红枣、黑豆、糯米倒入豆浆机中，注水至水位线。

3　盖上豆浆机机头，开始打浆，待豆浆机运转约20分钟，即成豆浆。

4　将豆浆机断电，取下机头，滤取豆浆，倒入杯中即可。

扫一扫看视频

党参红枣豆浆

🕐 21分钟　　🍚 益气补血

原料：水发黄豆55克，红枣15克，党参10克

做法

1　洗好的红枣切块；将已浸泡8小时的黄豆洗净，沥水。

2　把备好的黄豆、红枣、党参倒入豆浆机中，注水至水位线。

3　盖上豆浆机机头，开始打浆，待豆浆机运转约20分钟，即成豆浆。

4　将豆浆机断电，取下机头，滤取豆浆，倒入碗中即可。

扫一扫看视频

⏱ 16分钟

益气补血

红枣绿豆豆浆

原料： 水发黄豆40克，水发绿豆30克，红枣5克

调料： 白糖适量

烹饪小提示

辨别绿豆时，一观其色，如是褐色，说明其品质已经变了；二观其形，如表面白点多，说明已被虫蛀。

做法

1 将已浸泡4小时的绿豆倒入碗中，放入已浸泡8小时的黄豆，注水洗净，沥水。

2 将备好的绿豆、黄豆、红枣倒入豆浆机中，注水至水位线。

3 盖上豆浆机机头，选择"五谷"程序，再选择"开始"键，开始打浆。

4 待豆浆机运转约15分钟，即成豆浆。

5 将豆浆机断电，取下机头。

6 把煮好的豆浆倒入滤网，滤取豆浆，倒入杯中，加白糖，拌匀即可。

杞枣双豆豆浆

🕐 16分钟　　🍵 益气补血

扫一扫看视频

原料： 红枣5克，枸杞8克，水发黄豆40克，水发绿豆30克

做法

1 将洗净的红枣切块；将已泡6小时的绿豆倒入碗中，放入已泡8小时的黄豆洗净。

2 将备好的绿豆、黄豆、红枣、枸杞倒入豆浆机中，注水至水位线。

3 盖上豆浆机机头，开始打浆，待豆浆机运转约15分钟，即成豆浆。

4 将豆浆机断电，取下机头，滤取豆浆，倒入杯中即可。

扫一扫看视频

枸杞蜜冰豆浆

🕐 16分钟　　益气补血

原料： 水发黄豆45克，枸杞15克
调料： 蜂蜜少许

做法

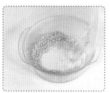
1 将已浸泡8小时的黄豆倒入碗中，加水洗净，沥水。

2 把洗好的黄豆倒入豆浆机中，倒入枸杞，注水至水位线。

3 盖上豆浆机机头，开始打浆，待豆浆机运转约15分钟，即成豆浆。

4 将豆浆机断电，取下机头，滤取豆浆，倒入碗中，用汤匙捞去浮沫。

5 倒入蜂蜜，拌匀后即可饮用。

烹饪小提示

蜂蜜要等豆浆稍凉后再放，以免降低其营养价值。

188

枸杞葡萄干豆浆

 15分钟　　益气补血

扫一扫看视频

原料： 枸杞15克，花生米25克，葡萄干15克，水发银耳40克，莲子20克
调料： 白糖适量

做法

1 泡好、洗净的银耳切块；将银耳、花生米、葡萄干、莲子、枸杞倒入豆浆机，注水。

2 盖上豆浆机机头，开始打浆，待豆浆机运转约15分钟，即成豆浆。

3 将豆浆机断电，取下机头，滤取豆浆，倒入杯中，用汤匙撇去浮沫。

4 加入适量白糖，拌匀至其溶化，待稍微放凉后即可饮用。

y

z

w

t

扫一扫看视频

16分钟

益气补血

桂圆红豆豆浆

原料：水发红豆50克，桂圆肉30克

烹饪小提示

色泽黄净发亮，透明感强，肉厚、干爽、糖分充足，泡开呈梅花形的桂圆一般质量较好。

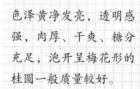

做法

1 将已浸泡6小时的红豆倒入碗中，加水洗净，沥水。

2 把洗好的红豆、桂圆肉倒入豆浆机中，注水至水位线。

3 盖上豆浆机机头，选择"五谷"程序，再选择"开始"键，开始打浆。

4 待豆浆机运转约15分钟，即成豆浆。

5 将豆浆机断电，取下机头，把煮好的豆浆倒出。

6 再倒入碗中，用汤匙撇去浮沫，待稍微放凉后即可饮用。

桂圆红枣豆浆

🕐 17分钟　🍡 益气补血

扫一扫看视频

原料： 水发黄豆65克，桂圆30克，红枣8克
调料： 白糖10克

做法

1 将已浸泡8小时的黄豆倒入碗中，加水洗净，沥水。

2 把洗好的黄豆、红枣、桂圆倒入豆浆机中，注水至水位线。

3 盖上豆浆机机头，开始打浆，待豆浆机运转约15分钟，即成豆浆。

4 将豆浆机断电，取下机头，滤取豆浆，倒入碗中，加入白糖，拌匀即可。

扫一扫看视频

27分钟

益气补血

红枣南瓜豆浆

原料： 红枣10克，豆浆500毫升，南瓜200克
调料： 白糖10克

烹饪小提示

红枣可以提前泡开，这样打出来的豆浆会更加细腻。

做法

1 蒸锅中注水烧开，揭盖，放入洗好的红枣、洗净切好的南瓜。

2 盖上盖，用中火蒸15分钟至熟，揭盖，取出蒸好的南瓜、红枣。

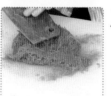

3 备好砧板，用刀将蒸好的南瓜按压至泥状，蒸好的红枣切碎。

4 砂锅中倒入豆浆，开大火，加入白糖，搅拌至溶化。

5 加入切碎的红枣，放入南瓜泥，拌匀，稍煮片刻至入味。

6 关火后盛出煮好的豆浆，装碗即可。

莲枣红豆浆

🕐 22分钟　☁ 益气补血

扫一扫看视频

原料：红枣、莲子各15克，水发红豆50克

做法

1 洗好的红枣切块；将莲子倒入碗中，泡6小时的红豆洗净，沥水。

2 把备好的红枣、莲子、红豆倒入豆浆机中，注水至水位线。

3 盖上豆浆机机头，开始打浆，待豆浆机运转约20分钟，即成豆浆。

4 将豆浆机断电，取下机头，滤取豆浆，倒入碗中即可。

八宝豆浆

🕐 20分钟　　🍚 益气补血

原料： 水发黄豆50克，水发红豆40克，花生米40克，莲子、薏米、核桃仁、百合、芝麻各适量

调料： 冰糖适量

做法

 1 把已浸泡8小时的黄豆、浸泡6小时的红豆、花生米、莲子洗净，沥水。

 2 将黄豆、红豆、花生、莲子倒入豆浆机中。

 3 放入洗净的芝麻、核桃仁、薏米、百合、冰糖，注水至水位线。

 4 盖上豆浆机头打浆约18分钟，断电，取下机头，滤取豆浆，倒入碗中即可。

扫一扫看视频

莲子红枣豆浆

🕐 18分钟　🗯 益气补血

原料：水发莲子25克，红枣15克，水发黄豆50克

（做法）

1　洗净的红枣切块；把红枣、泡发好的莲子放入豆浆机，倒入洗好泡发8小时的黄豆，注入水。

2　盖上豆浆机机头，开始打浆，待豆浆机运转15分钟左右，即成豆浆。

3　将豆浆机断电，取下机头，把煮好的豆浆倒入滤网，滤取豆浆。

4　倒入杯中，用汤匙捞去浮沫，待稍微放凉后即可饮用。

扫一扫看视频

黑豆红枣枸杞豆浆

🕐 15分钟　🗯 益气补血

原料：水发黑豆50克，红枣15克，枸杞20克

（做法）

1　洗净的红枣切块；把已浸泡6小时的黑豆洗净，沥水。

2　将黑豆、枸杞、红枣倒入豆浆机中，注水至水位线。

3　盖上豆浆机机头，开始打浆，待豆浆机运转约15分钟，即成豆浆。

4　将豆浆机断电，取下机头，滤取豆浆，倒入杯中即可。

安神助眠

失眠的痛苦想必大多数人都经历过，躺在床上，明明觉得很困，却愣是怎么也不睡着；闭上双眼，想要强迫自己入睡，却发现头脑竟越发清醒，这一想到明天还有事儿要做，当真是有一种拿块豆腐往上撞的冲动啊！那么，对于失眠这种似病又非病的症状到底该如何"治疗"呢？我建议大家不妨睡前喝杯安神助眠的鲜榨豆浆。

扫一扫看视频

百合枣莲双黑豆浆

🕐 21分钟　　 🥄 安神助眠

原料：百合15克，莲子10克，红枣8克，水发黑豆50克，水发黑米40克

做法

1　将已浸泡8小时的黑豆倒入碗中，放入泡好的黑米、莲子、红枣洗净，沥水。

2　把洗好的食材倒入豆浆机中，放入洗好的百合，注水至水位线。

3　盖上豆浆机机头，开始打浆，待豆浆机运转约20分钟，即成豆浆。

4　将豆浆机断电，取下机头，滤取豆浆，倒入碗中即可。

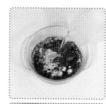

百合银耳黑豆浆

⏱ 17分钟　☁ 安神助眠

扫一扫看视频

原料：水发黑豆70克，水发银耳30克，百合8克
调料：白糖适量

做法

1 将已浸泡8小时的黑豆倒入碗中，加水洗净，沥水。

2 将泡发好的银耳撕成块；把黑豆、银耳、百合倒入豆浆机中，注水。

3 盖上豆浆机机头，开始打浆，待豆浆机运转约15分钟，即成豆浆。

4 将豆浆机断电，取下机头，滤取豆浆，倒入碗中，放白糖，拌匀即可。

扫一扫看视频

百合豆浆

🕐 17分钟　　🌙 安神助眠

原料： 百合8克，水发黄豆70克
调料： 白糖适量

做法

 1 将已浸泡8小时的黄豆倒入碗中，加水洗净，沥水。

 2 将洗好的黄豆、百合倒入豆浆机，注水至水位线。

 3 盖上豆浆机机头，开始打浆，待豆浆机运转约15分钟，即成豆浆。

 4 将豆浆机断电，取下机头，滤取豆浆，倒入碗中，放入白糖，拌匀即可。

扫一扫看视频

银耳红豆红枣豆浆

🕐 *17分钟* 　☁ *安神助眠*

原料： 水发银耳45克，水发红豆50克，红枣8克
调料： 冰糖适量

做法

1 泡好、洗净的银耳切块；洗好的红枣切块；将已浸泡6小时的红豆倒入碗中，洗净沥水。

2 把洗好的红豆倒入豆浆机中，放入红枣、银耳，加入冰糖，注水至水位线。

3 盖上豆浆机机头，开始打浆，待豆浆机运转约15分钟，即成豆浆。

4 将豆浆机断电，取下机头，滤取豆浆，倒入杯中即可。

扫一扫看视频

黑豆百合豆浆

🕐 *16分钟* 　☁ *安神助眠*

原料： 鲜百合8克，水发黑豆50克
调料： 冰糖适量

做法

1 将已浸泡8小时的黑豆倒入碗中，注水洗净，沥水。

2 将洗好的百合、黑豆倒入豆浆机中，加入冰糖，注水至水位线。

3 盖上豆浆机机头，开始打浆，待豆浆机运转约15分钟，即成豆浆。

4 将豆浆机断电，取下机头，滤取豆浆，倒入杯中即可。

扫一扫看视频

17分钟

安神助眠

黑豆核桃芝麻豆浆

原料：核桃仁20克，黑芝麻25克，水发黑豆50克

烹饪小提示

去掉核桃仁的黄色外皮后再打浆，可使豆浆的口感和色泽更佳。

做法

1 把洗好的黑芝麻、核桃仁倒入豆浆机中，倒入已浸泡8小时的黑豆。

2 注入适量清水，至水位线即可。

3 盖上豆浆机机头，选择"五谷"程序，再选择"开始"键，开始打浆。

4 待豆浆机运转约15分钟，即成豆浆。

5 将豆浆机断电，取下机头，把煮好的豆浆倒入滤网，滤取豆浆。

6 把滤好的豆浆倒入碗中，用汤匙捞去浮沫，待稍微放凉后即可饮用。

牛奶豆浆

 16分钟 安神助眠

扫一扫看视频

原料：水发黄豆50克，牛奶20毫升

做法

1 将已浸泡8小时的黄豆倒入碗中，注水洗净，沥水。

2 将黄豆、牛奶倒入豆浆机中，注水至水位线。

3 盖上豆浆机机头，开始打浆，待豆浆机运转约15分钟，即成豆浆。

4 将豆浆机断电，取下机头，滤取豆浆，倒入碗中即可。

扫一扫看视频

🕐 16分钟

💤 安神助眠

核桃燕麦豆浆

原料： 水发黄豆80克，燕麦60克，核桃仁20克

调料： 冰糖25克

烹饪小提示

核桃仁可事先用清水浸泡片刻，这样更容易将核桃衣褶皱处的污物清洗干净。

做法

1 将备好的燕麦、已浸泡8小时的黄豆倒入碗中，加水洗净，沥水。

2 把备好的黄豆、燕麦、核桃仁、冰糖放入豆浆机中，注水至水位线。

3 盖上豆浆机机头，选择"五谷"程序，再选择"开始"键，开始打浆。

4 待豆浆机运转约15分钟，即成豆浆。

5 将豆浆机断电，取下机头，把煮好的豆浆倒入滤网，滤取豆浆。

6 将豆浆倒入碗中，待稍微放凉后即可饮用。

红枣米润豆浆

 30分钟　 安神助眠

原料：水发黄豆100克，水发糯米100克，红枣20克

扫一扫看视频

做法

 1 将已浸泡8小时的黄豆、浸泡4小时的糯米倒入碗中，注水洗净，沥水。

 2 将备好的黄豆、糯米、红枣倒入豆浆机中，注水至水位线。

 3 盖上豆浆机机头，开始打浆，待豆浆机运转约20分钟，即成豆浆。

 4 取下机头，将打好的豆浆滤取，倒入碗中即可。

增强
免疫力

"增强免疫力"这个动词加名词的词组，从小到大还真是听过了无数遍，瞧那些广告词说的，"增强免疫力，几天见疗效"，说的还真是神乎其神啊。当初年幼无知的我差点儿就被忽悠了，这增强免疫力压根儿就是个慢工出细活的事儿，哪来的特效药呀，而且比起吃那些保健营养品，我还真不如一天给自己榨一杯新鲜豆浆呢！

扫一扫看视频

红枣燕麦豆浆

⏱ 21分钟　　🫘 增强免疫力

原料：燕麦20克，水发黄豆50克，红枣适量

做法

1 洗好的红枣切碎；将已浸泡8小时的黄豆洗净，沥水。

2 把红枣、燕麦、黄豆倒入豆浆机中，注水至水位线。

3 盖上豆浆机机头，开始打浆，待豆浆机运转约20分钟，即成豆浆。

4 将豆浆机断电，取下机头，滤取豆浆，倒入碗中即可。

红色三宝豆浆

⏱ *16分钟* ☁ *增强免疫力*

原料：红枣5克，枸杞5克，水发红豆40克，水发黄豆40克

调料：冰糖适量

做法

1 洗净的红枣切碎；将泡8小时的黄豆倒入碗中，放入泡6小时红豆，洗净沥水分。

2 把洗净的食材倒入豆浆机中，放入红枣、枸杞、冰糖，注水至水位线。

3 盖上豆浆机机头，开始打浆，待豆浆机运转约15分钟，即成豆浆。

4 将豆浆机断电，取下机头，滤取豆浆，倒入杯中即可。

百合红豆豆浆

⏱ *17分钟* ☁ *增强免疫力*

原料：百合10克，水发红豆60克

调料：白糖适量

做法

1 将已浸泡6小时的红豆倒入碗中，加水洗净，沥水。

2 将备好的百合、红豆倒入豆浆机中，注水至水位线。

3 盖上豆浆机机头，开始打浆，待豆浆机运转约15分钟，即成豆浆。

4 将豆浆机断电，取下机头，滤取豆浆，倒入杯中，放入白糖，拌匀即可。

百合莲子绿豆浆

⏱ 17分钟　🫘 增强免疫力

原料： 水发绿豆60克，水发莲子20克，百合20克
调料： 白糖适量

做法

1 将已浸泡4小时的绿豆倒入碗中，加水洗净，沥水。

2 将洗好的绿豆、泡好的莲子、百合倒入豆浆机中，注水至水位线。

3 盖上豆浆机机头，开始打浆，待豆浆机运转约15分钟，即成豆浆。

4 将豆浆机断电，取下机头，把煮好的豆浆倒入滤网，用汤匙搅拌，滤取豆浆。

烹饪小提示

若莲子受潮生虫，应立即晒干，热气散尽凉透后再收藏。

5 将豆浆倒入碗中，放入白糖，搅拌均匀至其溶化即可。

芝麻苹果豆浆

🕐 17分钟　🍲 增强免疫力

扫一扫看视频

原料： 黑芝麻10克，苹果35克，水发黄豆50克
调料： 白糖适量

做法

1 洗净的苹果切块；将已浸泡8小时的黄豆洗净，沥水。

2 将备好的苹果、黑芝麻、黄豆倒入豆浆机中，注水至水位线。

3 盖上豆浆机机头，开始打浆，待豆浆机运转约15分钟，即成豆浆。

4 将豆浆机断电，取下机头，滤取豆浆，倒入碗中，放白糖拌匀即可。

扫一扫看视频

🕐 21分钟

💪 增强免疫力

芝麻糯米黑豆浆

原料： 黑芝麻15克，糯米10克，水发黑豆50克

调料： 冰糖适量

烹饪小提示

芝麻最好干炒一下再烹制，这样榨出来的豆浆味道会更加香浓。

做法

1 将糯米倒入碗中，再放入已浸泡8小时的黑豆，注水洗净，沥水。

2 把洗净的食材倒入豆浆机中，放入黑芝麻、冰糖，注水至水位线。

3 盖上豆浆机机头，选择"五谷"程序，再选择"开始"键，开始打浆。

4 待豆浆机运转约20分钟，即成豆浆。

5 将豆浆机断电，取下机头。

6 把煮好的豆浆倒入滤网，滤取豆浆，倒入碗中即可。

黑豆玉米须燕麦豆浆

 17分钟　 增强免疫力

扫一扫看视频

原料：玉米须15克，水发黑豆60克，燕麦10克

做法

1 将已浸泡8小时的黑豆倒入碗中，放入燕麦、玉米须，加水洗净，沥水。

2 把洗好的黑豆、燕麦、玉米须倒入豆浆机中，注水至水位线。

3 盖上豆浆机机头，开始打浆，待豆浆机运转约15分钟，即成豆浆。

4 将豆浆机断电，取下机头，滤取豆浆，倒入碗中即可。

双豆小米豆浆

🕐 21分钟　　🍵 增强免疫力

原料：豌豆5克，小米15克，水发黄豆50克
调料：冰糖适量

做法

1 将已浸泡8小时的黄豆倒入碗中，放入小米，注水洗净，沥水。

2 把豌豆、黄豆、小米、冰糖倒入豆浆机中，注水至水位线。

3 盖上豆浆机机头，开始打浆，待豆浆机运转约20分钟，即成豆浆。

4 将豆浆机断电，取下机头，滤取豆浆，倒入碗中即可。

扫一扫看视频

扫一扫看视频

高钙豆浆

⏱ 16分钟　　🍎 增强免疫力

原料： 水发黑豆、水发大米各50克，水发黑木耳25克

调料： 白糖10克

做法

1　将已浸泡8小时的黑豆倒入碗中，放入泡好的大米，加水洗净，沥水。

2　把洗好的黑豆、大米、黑木耳倒入豆浆机中，注水至水位线。

3　盖上豆浆机机头，开始打浆，待豆浆机运转约15分钟，即成豆浆。

4　将豆浆机断电，取下机头，滤取豆浆，倒入杯中，加入白糖，拌匀即可。

扫一扫看视频

党参豆浆

⏱ 16分钟　　🍎 增强免疫力

原料： 水发黄豆40克，红枣5克，党参3克

调料： 白糖适量

做法

1　将已浸泡8小时的黄豆倒入碗中，注水洗净，沥水。

2　将备好的黄豆、党参、红枣倒入豆浆机中，注水至水位线。

3　盖上豆浆机机头，开始打浆，待豆浆机运转约15分钟，即成豆浆。

4　将豆浆机断电，取下机头，滤取豆浆，倒入碗中，加白糖，拌匀即可。

清热解毒

有时候，你是否感觉自己的身体就像个无底洞，喝再多的水都依然口干舌燥，无济于事？我想，这时候，你需要的已不仅仅是以水补水，因为这只是治标，却不能治本，此时你更需要给自己的身体清清热、解解毒，唯有这样，喝进去的水才会变得更有价值，才能够真正达到补水的作用。

扫一扫看视频

南瓜红枣豆浆

🕐 17分钟　☁ 清热解毒

原料：南瓜60克，红枣15克，水发黄豆65克

做法

1. 洗净去皮的南瓜切块；洗好的红枣切块。
2. 把切好的红枣放入豆浆机中，倒入南瓜块，放入泡好、洗净的黄豆，注水。
3. 盖上豆浆机机头，开始打浆，待豆浆机运转约15分钟，即成豆浆。
4. 将豆浆机断电，取下机头，滤取豆浆，倒入碗中即可。

扫一扫看视频

红枣二豆浆

🕐 *16分钟*　　🥣 *清热解毒*

原料： 红枣4克，水发红豆40克，水发绿豆35克

做法

1　将已浸泡4小时的绿豆、红豆倒入碗中，注水洗净，沥水。

2　将洗净的食材倒入豆浆机，再加入洗好的红枣，注水至水位线。

3　盖上豆浆机机头，开始打浆，待豆浆机运转约15分钟，即成豆浆。

4　将豆浆机断电，取下机头，滤取豆浆，倒入碗中即可。

扫一扫看视频

红枣杏仁豆浆

🕐 *16分钟*　　🥣 *清热解毒*

原料： 杏仁15克，红枣10克，水发黄豆45克

做法

1　洗净的红枣切开，去核，再切成小块。

2　把备好的核桃仁、红枣倒入豆浆机中，倒入泡发、洗好的黄豆，注水。

3　盖上豆浆机机头，开始打浆，待豆浆机运转约15分钟，即成豆浆。

4　将豆浆机断电，取下机头，滤取豆浆，倒入碗中即可。

扫一扫看视频

⏱ 21分钟

清热解毒

小米绿豆浆

原料： 小米30克，绿豆40克，葡萄干适量

烹饪小提示

小米在储藏前应去除糠杂，若水分过多，可阴干，通常将小米放在阴凉、干燥、通风较好的地方。

做法

1 将小米、绿豆倒入碗中，注水洗净，沥水。

2 将洗净的食材倒入豆浆机中，注水至水位线。

3 盖上豆浆机机头，选择"五谷"程序，再选择"开始"键，开始打浆。

4 待豆浆机运转约20分钟，即成豆浆。

5 将豆浆机断电，取下机头。

6 把煮好的豆浆倒入容器中，再倒入碗中，撒上备好的葡萄干即可。

黄瓜蜂蜜豆浆

⏱ 16分钟　☁ 清热解毒

原料：黄瓜40克，水发黄豆50克
调料：蜂蜜适量

扫一扫看视频

做法

1 洗净的黄瓜切滚刀块。

2 将黄瓜、已浸泡8小时的黄豆倒入豆浆机中，注水至水位线。

3 盖上豆浆机机头，开始打浆，待豆浆机运转约15分钟，即成豆浆。

4 将豆浆机断电，取下机头，滤取豆浆，倒入杯中，加入蜂蜜，拌匀即可。

扫一扫看视频

17分钟

清热解毒

冰糖白果豆浆

原料： 水发黄豆70克，白果15克
调料： 冰糖15克

烹饪小提示

用牙签挑去白果果心，可以减轻其苦味。

做法

1 将白果和已浸泡8小时的黄豆倒入碗中，加水洗净，沥水。

2 把洗好的黄豆和白果倒入豆浆机中，加入冰糖，注水至水位线。

3 盖上豆浆机机头，选择"五谷"程序，再选择"开始"键，开始打浆。

4 待豆浆机运转约15分钟，即成豆浆。

5 将豆浆机断电，取下机头，把煮好的豆浆倒入滤网，滤取豆浆。

6 倒入碗中，用汤匙捞去浮沫，待稍微放凉后即可饮用。

芡实豆浆

🕐 21分钟　　🍵 清热解毒

扫一扫看视频

原料： 水发芡实30克，水发黄豆50克

做法

 1　将已浸泡8小时的黄豆倒入碗中，放入泡好的芡实，加水洗净，沥水。

 2　把洗好的材料倒入豆浆机中，注水至水位线。

 3　盖上豆浆机机头，开始打浆，待豆浆机运转约20分钟，即成豆浆。

 4　将豆浆机断电，取下机头，滤取豆浆，倒入碗中即可。

217

绿茶豆浆

⏱ 16分钟　☁ 清热解毒

原料： 绿茶4克，水发绿豆50克，干黄菊少许

做法

1 将已浸泡6小时的绿豆倒入碗中，注水洗净，沥水。

2 将备好的绿豆、绿茶、干黄菊倒入豆浆机中，注水至水位线。

3 盖上豆浆机机头，选择"五谷"程序，再选择"开始"键，开始打浆。

4 待豆浆机运转约15分钟，即成豆浆。

烹饪小提示

干黄菊泡发后再洗，这样更易清除杂质。

5 将豆浆机断电，取下机头，滤取豆浆，倒入杯中即可。

绿茶百合豆浆

 15分钟　清热解毒

扫一扫看视频

原料： 鲜百合4克，绿茶3克，水发黄豆60克

做法

1 将已浸泡8小时的黄豆倒入碗中，注水洗净，沥水。

2 将备好的黄豆、绿茶、鲜百合倒入豆浆机中，注水至水位线。

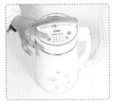

3 盖上豆浆机机头，开始打浆，待豆浆机运转约15分钟，即成豆浆。

4 将豆浆机断电，取下机头，滤取豆浆，倒入杯中即可。

扫一扫看视频

🕐 18分钟

💪 清热解毒

乌黑豆浆

原料：花生米25克，黑芝麻15克，水发燕麦、水发黑米各20克，水发黑豆30克

烹饪小提示

黑芝麻略有苦味，可以加入白糖或蜂蜜调味。

做法

1 将已浸泡4小时的黑米、泡好的燕麦、花生和已浸泡8小时的黑豆倒入碗中。

2 加入适量清水，用手搓洗干净，沥水。

3 把备好的全部食材倒入豆浆机中，注水至水位线。

4 盖上豆浆机机头，选择"五谷"程序，再选择"开始"键，开始打浆。

5 待豆浆机运转约15分钟，即成豆浆。

6 将豆浆机断电，取下机头，滤取豆浆，倒入碗中即可。

三黑豆浆

🕐 21分钟 ☁ 清热解毒

扫一扫看视频

原料: 黑芝麻20克,黑米15克,花生米15克,水发黑豆40克

做法

1 将已浸泡8小时的黑豆倒入碗中,放入黑米,注水洗净,沥水。

2 将备好的花生米、黑芝麻、黑豆、黑米倒入豆浆机中,注水至水位线。

3 盖上豆浆机机头,开始打浆,待豆浆机运转约20分钟,即成豆浆。

4 将豆浆机断电,取下机头,滤取豆浆,倒入杯中即可。

美容养颜

爱美之心人皆有之，不管是男人还是女人，恐怕都想拥有一张完美面孔和一副魔鬼身材吧。但在生活中，很多人只注重外在的美容与保养，却总是忽视内在的调理。而事实上，唯有将外养与内调相互结合，才能真正达到美容养颜的效果。所以，在此特别为大家介绍几款美容养颜的豆浆，让你们想怎么美就怎么美。

山药枸杞豆浆

⏱ 16分钟   🍲 美容养颜

原料：枸杞15克，水发黄豆60克，山药45克

做法

1. 洗净的山药切块；将已浸泡8小时的黄豆倒入碗中，加水洗净，沥水。

2. 把洗好的黄豆倒入豆浆机中，放入备好的枸杞、山药，注水至水位线。

3. 盖上豆浆机机头，开始打浆，待豆浆机运转约15分钟，即成豆浆。

4. 将豆浆机断电，取下机头，滤取豆浆，倒入杯中即可。

扫一扫看视频

绿豆黑豆豆浆

⏱ 17分钟　☁ 美容养颜

原料：水发绿豆50克，水发黑豆45克

做法

1. 将已泡8小时的黑豆倒入碗中，放入已泡6小时的绿豆，洗净，沥水。
2. 把洗好的材料倒入豆浆机中，注水至水位线。
3. 盖上豆浆机机头，开始打浆，待豆浆机运转约15分钟，即成豆浆。
4. 将豆浆机断电，取下机头，滤取豆浆，倒入杯中即可。

扫一扫看视频

黑豆银耳豆浆

⏱ 16分钟　☁ 美容养颜

原料：水发黑豆50克，水发银耳20克
调料：白糖适量

做法

1. 将已浸泡8小时的黑豆倒入碗中，注水洗净，沥水。
2. 将备好的黑豆、泡好洗净的银耳倒入豆浆机中，注水至水位线。
3. 盖上豆浆机机头，开始打浆，待豆浆机运转约15分钟，即成豆浆。
4. 将豆浆机断电，取下机头，滤取豆浆，倒入碗中，加白糖，拌匀即可。

银耳枸杞豆浆

🕐 8分钟　　🫘 降低血糖

原料： 水发银耳100克，水发黄豆200克，枸杞15克
调料： 食粉适量

做法

1 洗好的银耳切块；取来榨汁机，倒入黄豆，加矿泉水，榨取黄豆汁。

2 取隔渣袋，放入碗中，倒入黄豆汁，滤掉豆渣。

3 锅中注入清水烧开，放入食粉，倒入银耳，煮沸，捞出。

4 把黄豆汁倒入砂锅中，煮约5分钟，倒入银耳、洗净的枸杞，煮约2分钟。

5 搅拌使食材入味，把煮好的银耳枸杞豆浆盛出，装入碗中即可。

烹饪小提示

打豆浆前可以加入少许冰糖，口感更佳。

木耳黑米豆浆

⏱ 21分钟　☁ 美容养颜

扫一扫看视频

原料：水发木耳8克，水发黄豆50克，水发黑米30克

做法

1　将已浸泡8小时的黄豆、已浸泡4小时的黑米倒入碗中，注水洗净，沥水。

2　将泡发洗好的木耳、黄豆、黑米倒入豆浆机中，注水至水位线。

3　盖上豆浆机机头，开始打浆，待豆浆机运转约20分钟，即成豆浆。

4　将豆浆机断电，取下机头，滤取豆浆，倒入杯中即可。

扫一扫看视频

🕐 8分钟

💪 美容养颜

薏仁黑米豆浆

原料： 水发黄豆、水发黑豆各100克，水发薏米90克，水发黑米80克

调料： 白糖适量

做法

1 取榨汁机，选择搅拌刀座组合，倒入泡好洗净的黄豆、黑豆，注水。

2 通电后选择"榨汁"功能，搅拌至榨出豆汁，断电后倒出豆汁，过滤去渣。

3 取榨汁机，选择搅拌刀座组合，放入泡好洗净的薏米、黑米，倒入过滤好的豆汁。

4 通电后选择"榨汁"功能，搅拌一会儿，至米粒呈碎末状，即成生豆浆。

5 砂锅置火上，倒入生豆浆，大火煮5分钟，掠去浮沫，待水沸腾，加白糖拌匀。

6 用中火续煮片刻，至糖分完全溶化，关火后盛出煮好的黑米豆浆，装入碗中即可。

黑芝麻玉米红豆浆

🕐 21分钟　　😊 美容养颜

原料：黑芝麻30克，水发红豆45克，玉米粒40克

扫一扫看视频

做法

1　把洗好的玉米粒倒入豆浆机中，放入黑芝麻，倒入泡好洗净的红豆，注水。

2　盖上豆浆机机头，开始打浆，待豆浆机运转约20分钟，即成豆浆。

3　将豆浆机断电，取下机头，把煮好的豆浆倒入滤网，滤取豆浆。

4　倒入碗中，用汤匙撇去浮沫即可。

扫一扫看视频

黑芝麻花生豆浆

⏱ *16分钟*   ☁ *美容养颜*

原料： 水发黄豆50克，花生米30克，黑芝麻30克
调料： 冰糖适量

做法

1 将已浸泡8小时的黄豆倒入碗中，放入花生米，加水洗净，沥水。

2 把洗好的黄豆和花生倒入豆浆机中，放入备好的黑芝麻，加入冰糖，注水。

3 盖上豆浆机机头，开始打浆，待豆浆机运转约15分钟，即成豆浆。

4 将豆浆机断电，取下机头，滤取豆浆，倒入杯中即可。

芝麻玉米豆浆

🕐 21分钟　🍵 美容养颜

原料： 黑芝麻25克，玉米粒40克，水发黄豆45克

做法

1 把黑芝麻倒入豆浆机中，放入玉米粒，倒入泡好洗净的黄豆。

2 注入适量清水，至水位线即可。

3 盖上豆浆机机头，开始打浆，待豆浆机运转约20分钟，即成豆浆。

4 将豆浆机断电，取下机头，滤取豆浆，倒入碗中即可。

桂圆花生豆浆

🕐 16分钟　🍵 美容养颜

原料： 水发黄豆40克，水发花生米20克，桂圆肉8克

做法

1 将已浸泡8小时的黄豆倒入碗中，再放入桂圆肉、泡好的花生米，注水洗净，沥水。

2 将洗净的食材倒入豆浆机中，注水至水位线。

3 盖上豆浆机机头，开始打浆，待豆浆机运转约15分钟，即成豆浆。

4 将豆浆机断电，取下机头，滤取豆浆，倒入杯中即可。

扫一扫看视频

扫一扫看视频

🕐 16分钟

🐷 美容养颜

桂圆山药豆浆

原料： 桂圆肉20克，山药丁10克，水发黄豆60克

调料： 冰糖50克

烹饪小提示

建议戴上手套削山药皮，以防止山药皮中的皂角素或黏液里的植物碱引起皮肤刺痒。

做法

1 将已浸泡8小时的黄豆倒入碗中，加水洗净，沥水。

2 把备好的黄豆、桂圆肉、山药丁、冰糖倒入豆浆机中，注水至水位线。

3 盖上豆浆机机头，选择"五谷"程序，再选择"开始"键，开始打浆。

4 待豆浆机运转约15分钟，即成豆浆。

5 将豆浆机断电，取下机头，把煮好的豆浆倒入滤网，滤取豆浆。

6 倒入杯中，用汤匙捞去浮沫，待稍微放凉后即可饮用。

红茶豆浆

⏱ 16分钟　　🍵 美容养颜

原料：红茶10克，水发黄豆40克

扫一扫看视频

做法

1 将泡好的的茶叶、已浸泡8小时的黄豆倒入豆浆机中，注水至水位线。

2 盖上豆浆机机头，开始打浆，待豆浆机运转约15分钟，即成豆浆。

3 将豆浆机断电，取下机头，把煮好的豆浆倒入滤网，滤取豆浆。

4 把滤好的豆浆倒入碗中，用汤匙撇去浮沫，放凉后即可饮用。

玫瑰花上海青黑豆浆

⏱ *16分钟* 🍵 *美容养颜*

原料： 水发黄豆50克，水发黑豆10克，玫瑰花5克，上海青10克

做法

1 将已浸泡8小时的黑豆、黄豆倒入碗中，注水洗净，沥水。

2 将备好的黑豆、黄豆、玫瑰花、上海青倒入豆浆机中，注水至水位线。

3 盖上豆浆机机头，开始打浆，待豆浆机运转约15分钟，即成豆浆。

4 将豆浆机断电，取下机头。

烹饪小提示

泡发黑豆时最好放在阴凉处，以免变质。

5 把煮好的豆浆倒入滤网，滤取豆浆，倒入杯中即可。